BestMasters

Mit **„BestMasters“** zeichnet Springer die besten Masterarbeiten aus, die an renommierten Hochschulen in Deutschland, Österreich und der Schweiz entstanden sind. Die mit Höchstnote ausgezeichneten Arbeiten wurden durch Gutachter zur Veröffentlichung empfohlen und behandeln aktuelle Themen aus unterschiedlichen Fachgebieten der Naturwissenschaften, Psychologie, Sozialwissenschaften, Technik und Wirtschaftswissenschaften. Die Reihe wendet sich an Praktiker und Wissenschaftler gleichermaßen und soll insbesondere auch Nachwuchswissenschaftlern Orientierung geben.

Springer awards **“BestMasters”** to the best master’s theses which have been completed at renowned Universities in Germany, Austria, and Switzerland. The studies received highest marks and were recommended for publication by supervisors. They address current issues from various fields of research in natural sciences, psychology, social sciences, technology, and economics. The series addresses practitioners as well as scientists and, in particular, offers guidance for early stage researchers.

Marvin Walther

Multikriterielle Optimalsteuerung am Beispiel des nicht-planaren 3D-Drucks

Marvin Walther
Fachbereich 3, AG Optimierung und
Optimale Steuerung
Universität Bremen
Bremen, Deutschland

ISSN 2625-3577 ISSN 2625-3615 (electronic)
BestMasters
ISBN 978-3-658-50407-6 ISBN 978-3-658-50408-3 (eBook)
https://doi.org/10.1007/978-3-658-50408-3

Die Deutsche Nationalbibliothek verzeichnet diese Publikation in der Deutschen Nationalbibliografie; detaillierte bibliografische Daten sind im Internet über https://portal.dnb.de abrufbar.

Planung/Lektorat: Karina Kowatsch
Springer Spektrum ist ein Imprint der eingetragenen Gesellschaft Springer Fachmedien Wiesbaden GmbH und ist ein Teil von Springer Nature.
Die Anschrift der Gesellschaft ist: Abraham-Lincoln-Str. 46, 65189 Wiesbaden, Germany

Inhaltsverzeichnis

Abbildungsverzeichnis

Tabellenverzeichnis

1 Einleitung

In einer Welt, die sich kontinuierlich mit zunehmender Geschwindigkeit entwickelt, ist es unerlässlich, die Innovation und Produktion immer effizienter zu gestalten. Produktionsketten und Verfahren müssen optimiert werden. Zudem steigt der Bedarf an teilweise oder vollständig individuell gefertigten Produkten, die speziell auf den Kunden angepasst sind [3]. Auch diese müssen effizient gefertigt werden können, um die Wirtschaftlichkeit zu gewährleisten. Erreicht werden können diese Ziele mithilfe eines erhöhten Automatisierungsgrades. Das bedeutet den vermehrten Einsatz computergestützter Systeme, die immer weniger, aber dafür abstraktere Interaktionen des Menschen benötigen. Vor diesem Hintergrund gewann der 3D-Druck rasant an Bedeutung. Zunächst für die schnelle Herstellung von Prototypen genutzt, das sogenannte *rapid prototyping*, wird der 3D-Druck immer häufiger auch für die Fertigung von Endprodukten eingesetzt [28]. Ermöglicht wird das durch die Entwicklung neuer und die Verbesserung bestehender Verfahren, die z. B. eine gesteigerte Präzision oder Benutzerfreundlichkeit aufweisen. Auch die umgebende Infrastruktur, wie beispielsweise zugehörige Software, erfährt fortlaufend Effizienzsteigerungen. Ein weiterer wichtiger Faktor sind aber auch moderne Materialien, die gute mechanische und chemische Eigenschaften besitzen und zuvor nicht mit 3D-Druckverfahren verarbeitet werden konnten [19].

In dieser Arbeit wird der nicht-planare 3D-Druck als Sonderform des FDM-Verfahrens betrachtet und als multikriterielles Optimalsteuerungsproblem formuliert. Auf diese Weise soll die vergleichsweise komplexe Problematik der Berechnung nicht-planarer Steuerungsanweisungen abstrahiert werden. Zugleich erfüllen die berechneten Trajektorien automatisch Optimalitätsbedingungen, was – unter den gegebenen Voraussetzungen – ein effizientes Herstellungsverfahren ermöglichen soll.

M. Walther, *Multikriterielle Optimalsteuerung am Beispiel des nicht-planaren 3D-Drucks*, BestMasters,
https://doi.org/10.1007/978-3-658-50408-3_1

In Kapitel 2 wird die Klasse der additiven Fertigungsverfahren vorgestellt und gegenüber anderer Klassen abgegrenzt. Nach der Definition des planaren 3D-Drucks wird eine Übersicht gängiger Druckverfahren gegeben. Als Motivation für den nichtplanaren 3D-Druck wird die hauptsächliche Problematik erklärt, die bei der Verwendung planarer Schichten auftritt. Die theoretische Grundlage bildet die Optimierung, die in Kapitel 3 zunächst analytisch und dann numerisch behandelt wird. Die multikriterielle Optimierung stellt eine Erweiterung der Optimierung dar und wird daraufhin definiert. Für die Lösung dieser bedarf es spezieller Verfahren. Es werden mit dem Verfahren der gewichteten Summe, dem Verfahren der adaptiven gewichteten Summe und der Normal Boudary Intersection drei Vertreter vorgestellt.

Ein Optimierungsproblem kann mit einem Differenzialgleichungssystem kombiniert werden und insgesamt ein Optimalsteuerungsproblem bilden. Dieses wird in Kapitel 4 analytisch definiert und anschließend wird ein Ansatz für die numerische Lösung gegeben.

Das Kapitel 5 ist der Anwendung gewidmet. Hier wird das Problem des nichtplanaren 3D-Drucks mathematisch als Optimalsteuerungsproblem formuliert. Dazu wird zunächst ein physikalisches Modell des Druckers als Differenzialgleichungssystem aufgestellt. Dann werden mehrere Zielfunktionen motiviert und definiert. Außerdem wird der Volumenfluss des Filaments zunächst analytisch und dann anhand der numerischen Lösung berechnet. Es folgt ein Abschnitt, der die Kollisionserkennung behandelt, bevor das Kapitel von Berechnungen abgeschlossen wird, die durch eine alternierende Bewegungsrichtung zur Effizienzsteigerung des Druckverfahrens beitragen sollen.

In Kapitel 6 wird das erarbeitete Verfahren in die Praxis umgesetzt. Dazu werden exemplarisch Oberflächen generiert, für die dann mittels Optimierung Steuerungsanweisungen für den Drucker berechnet werden. Diese werden dann von einem 3D-Drucker umgesetzt, sodass eine genaue Analyse des Verfahrens angestellt werden kann.

2 Additive Fertigungsverfahren

Was umgangssprachlich als 3D-Druck bezeichnet wird, umfasst eigentlich das gesamte Gebiet der sogenannten *Additiven Fertigungsverfahren*. Definiert werden diese Verfahren als das Herstellen eines Bauteils, indem Volumenelemente zusammengefügt werden [10]. Physikalische und chemische Eigenschaften des Bauteils entstehen so während des Fertigungsprozesses. Im Gegensatz dazu stehen zum einen die *Subtraktiven Fertigungsverfahren*, bei denen das Bauteil durch das Abtragen von Volumenelementen aus einem größeren Werkstück entsteht und zum anderen die *Formativen Fertigungsverfahren*, die sich dadurch auszeichnen, dass während der Fertigung zwar die Geometrie des Werkstücks, nicht aber das Volumen verändert wird.

Zu den subtraktiven Verfahren zählt beispielsweise das Fräsen und somit auch das rechnergestützte oder CNC- (engl.: *Computerized Numerical Control*) Fräsen. Dabei werden Volumenelemente mit einem Fräser (ein rotierendes Schneidwerkzeug) vom Werkstück abgetragen. Bei CNC-Maschinen wird der Fräser entlang definierter Achsen von Motoren bewegt und so die Position von einem Computer gesteuert.

Die formativen Fertigungsverfahren schließen beispielsweise das Schmieden ein. Hierbei wird das Werkstück durch äußere Krafteinwirkung von z. B. einem Hammer plastisch verformt. Im Falle des klassischen Schmiedens von Eisen wird das Werkstück zuvor erhitzt, um eine leichtere Verformbarkeit zu erreichen. Ein moderneres und hoch automatisierbares Beispiel für ein formatives Fertigungsverfahren ist die Inkrementelle Blechumformung oder ISF (engl.: *Incremental Sheet Forming*). Dabei wird das Werkstück, für gewöhnlich ein dünnes Blech aus Metall, stückweise durch kleine Verformungen in die finale Form gebogen [8].

Im Folgenden ist mit dem 3D-Druck immer ein computergestütztes additives Fertigungsverfahren gemeint, also der Prozess, ein Objekt anhand einer virtuellen

M. Walther, *Multikriterielle Optimalsteuerung am Beispiel des nicht-planaren 3D-Drucks*, BestMasters,
https://doi.org/10.1007/978-3-658-50408-3_2

Darstellung, welche z. B. einer CAD-Software entsprang, mithilfe einer CNC-Maschine real herzustellen.

2.1 Planarer 3D-Druck

Um später den nicht-planaren 3D-Druck abzugrenzen, wird hier der planare 3D-Druck als herkömmliche Form vorgestellt. Nahezu alle gängigen 3D-Druckverfahren sind dieser Form zuzuordnen. Das Hauptmerkmal besteht darin, dass das dreidimensionale Objekt, welches gefertigt werden soll, entlang einer Achse in zweidimensionale, zu dieser Achse orthogonale Schichten unterteilt wird. Aus diesen wird das Objekt dann Schicht für Schicht hergestellt. Da alle Schichten parallel zueinander und flach sind, wird vom planaren 3D-Druck gesprochen. In Anlehnung an den Begriff der 2,5D-Grafik aus dem Gebiet der Computergrafik wird der planare 3D-Druck auch als 2,5D-Druck bezeichnet [26]. Dreidimensionalität entsteht nur durch das Aufschichten endlich vieler zweidimensionaler Strukturen mit finiter Dicke. In der dritten Dimension findet eine relativ grobe Quantisierung statt. Daher die Bezeichnung 2,5D.

Der Vorgang des Unterteilens in Schichten wird Zerschneiden (engl.: *slicen*) genannt und von einer *Slicer-Software* übernommen. Je nach Druckmethode werden von dieser Software die genauen Steuerbefehle berechnet, die zur Fertigung von der Maschine umgesetzt werden. Im Folgenden wird eine Übersicht über fünf gängige additive Fertigungsverfahren gegeben, die in ihrer herkömmlichen Form alle mit planaren Schichten arbeiten.

2.1.1 Stereolithografie (SLA)

Als das älteste additive Fertigungsverfahren gilt die Stereolithografie. Dieses Verfahren wurde von Charles Hull entwickelt und 1987 von seinem Unternehmen *3D Systems Inc.* unter dem Namen SLA (engl.: *Stereo Lithography Apparatus*) auf den Markt gebracht [9]. Das Verfahren beruht auf der gezielten Polymerisation eines zuvor flüssigen, photosensitiven Kunststoffes (Photopolymer) durch Beleuchtung mit ultraviolettem Licht, welches von einem Laser produziert wird. Dazu befindet sich das Photopolymer in einem Behälter, welcher mit einer beweglichen Plattform ausgestattet ist (siehe Abbildung 2.1). Zu Beginn des Druckvorgangs befindet sich die Plattform dicht unter der Flüssigkeitsoberfläche, sodass über der Plattform eine sehr dünne Schicht Photopolymer besteht. In manchen Fällen wird ein Wischer über die Oberfläche gezogen, um eine gleichmäßige Verteilung zu gewährleisten. Nun werden Teile der dünnen Polymerschicht belichtet, sodass das Material an diesen Stellen polymerisiert. Der fokussierte Lichtstrahl des Lasers wird durch bewegliche Spiegel präzise und schnell ausgerichtet. So entsteht die erste Schicht des Objekts und bleibt an der Plattform haften. Dann wird die Plattform um die gewählte Schichtdicke abgesenkt und eine weitere Schicht des Objekts gedruckt, bis das komplette Objekt fertiggestellt ist [9].

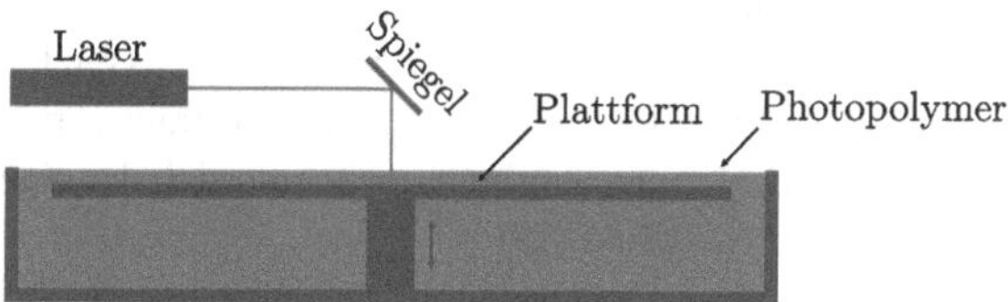

Abbildung 2.1 SLA-Prinzip

Nach Abschluss kann das Objekt entnommen werden und von flüssigen Rückständen durch Waschen mit Alkohol, häufig Isopropanol, befreit werden. Danach ist der Kunststoff im Allgemeinen noch nicht völlig ausgehärtet und wird im Ganzen einem starken UV-Licht ausgesetzt, um die endgültige Festigkeit zu erreichen [32].

2.1.2 Digital Light Processing (DLP)

Das DLP-Verfahren (engl.: *Digital Light Processing*) beruht, genauso wie SLA, auf dem gezielten Bestrahlen von Photopolymeren mit UV-Licht. Als Lichtquelle dient hierbei allerdings kein Laser, sondern eine konventionelle Lichtquelle oder LED. Mithilfe eines DLP-Elements und geeigneter Optik wird das Licht auf das Photopolymer projiziert und so die gesamte Schicht gleichzeitig belichtet [9]. Ein DLP-Element, entwickelt von dem Unternehmen *Texas Instruments*, ist ein zweidimensionales Array aus mikroskopisch kleinen Spiegeln, die einzeln bewegt werden können. Das auftreffende Licht wird so in Pixel unterteilt. Je nach Stellung der Spiegel wird das Licht entweder auf die zu belichtende Fläche gelenkt oder auf einen Absorber gerichtet. Diese Technik ist hauptsächlich aus Videoprojektoren bekannt.

2.1.3 Selective Laser Sintering (SLS)

Unter der Bezeichnung SLS (engl.: *Selective Laser Sintering*) oder PBF (engl.: *Powder Bed Fusion*) werden häufig drei unterschiedliche Verfahren zusammengefasst [32]. Dazu zählen neben dem eigentlichen SLS-Verfahren das SLM- (engl.: *Selective Laser Melting*) und das EBM-Verfahren (engl.: *Electron Beam Melting*). Alle drei Verfahren basieren jedoch darauf, dünne Schichten Pulver durch gezielte Bestrahlung zu schmelzen und unterscheiden sich lediglich in der Art der Strahlung und dem verarbeiteten Material. Für SLS und SLM wird jeweils ein leistungsstarker Laser (z. B. ein CO_2-Laser) und für EBM ein Elektronenstrahl verwendet. Zudem werden bei SLM und EBM Metalle verarbeitet, während sich das eigentliche SLS-Verfahren auf Kunststoffe beschränkt [29].

Die generelle Vorgehensweise ist aber für alle identisch (siehe Abbildung 2.2). In der Mitte befindet sich eine Plattform, die sich, wie beim SLA-Verfahren, in einem Behälter auf und ab bewegen kann. Auf beiden Seiten des mittleren Behälters befindet sich jeweils ein Pulvervorrat, der auch mit einer beweglichen Plattform ausgestattet ist, sodass Pulver an die Oberfläche befördert werden kann. Dieses Pulver wird dann von einer horizontal beweglichen Walze in einer dünnen Schicht auf der Druckplattform verteilt. Nun kann das Pulver an den gewünschten Stellen durch die gezielte Hitzeeinwirkung der Strahlungsquelle verschmolzen werden. Im Anschluss fährt die Druckplattform um die gewählte Schichtdicke hinab und es kann die nächste Schicht Pulver verteilt und verschmolzen werden.

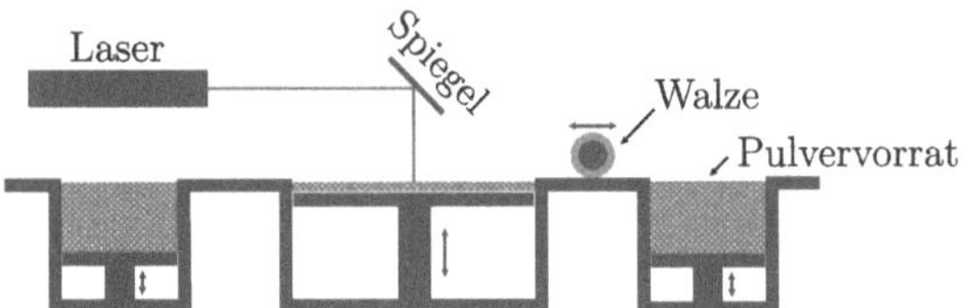

Abbildung 2.2 SLS-Prinzip

Häufig befindet sich die gesamte Apparatur in einem geschlossenen Gehäuse, in dem eine künstliche Atmosphäre aus Stickstoff, Schutzgas oder ein Vakuum erzeugt wird und eine geregelte hohe Temperatur herrscht [9]. Die besondere Atmosphäre verhindert das Oxidieren des Werkstoffes. Die erhöhte Temperatur erleichtert das Schmelzen und verhindert Verformungen im Werkstück.

2.1.4 Multi Jet Fusion (MJF)

Der Begriff MJF (engl.: *Multi Jet Fusion*) wurde 2016 von dem Hersteller *Hewlett Packard* (HP) etabliert und bezeichnet eine von diesem Unternehmen entwickelte Drucktechnik, die im Allgemeinen als *Binder Jetting* oder schlicht *3D-Druck* bekannt ist [9]. Während das Verfahren in ähnlicher Form auch von anderen Firmen vermarktet wird, beschränkt sich folgende Erklärung auf das Verfahren von HP. Wie in Abbildung 2.3 zu sehen, wird auch hier, wie beim SLS-Verfahren, ein Pulver verarbeitet, welches von einer Walze in dünnen Schichten auf einer Druckplattform verteilt wird. Anstelle eines Lasers kommt nun allerdings ein Druckkopf zum Einsatz, der dem eines Tintenstrahldruckers ähnelt. Mit diesem wird ein Bindemittel in der gewünschten Struktur auf das Pulver aufgetragen. Dieses Bindemittel bindet unter Hitzeeinstrahlung ab und formt zusammen mit dem Pulver einen Festkörper. Um eine scharfe Kantenabbildung zu erreichen, wird um die Kontur der mit Bindemittel bedruckten Struktur ein weiteres Bindemittel aufgetragen, welches eine deutlich geringere Wärmeleitfähigkeit besitzt und so die Ausbreitung der Bindung scharf abgrenzt [9]. Nach dem Bedrucken bewegt sich eine Infrarotlichtquelle über die Schicht und liefert die zum Binden nötige Hitze.

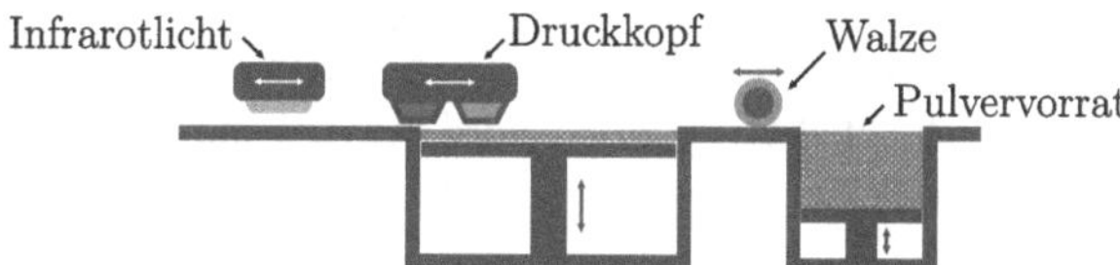

Abbildung 2.3 MJF-Prinzip

Durch das Beimischen von verschiedenen Farben zum Bindemittel können mit diesem Verfahren auch sehr einfach mehrfarbige Objekte erzeugt werden. Andere Zusatzstoffe können die Transparenz oder Oberflächenstruktur steuern [16].

2.1.5 Fused Deposition Modeling (FDM)

Das FDM- (engl.: *Fused Deposition Modeling*) oder FFF- (engl.: *Fused Filament Fabrication*) Verfahren ist gerade im Hobby- und Bildungsbereich sehr verbreitet [9]. Es kann relativ kostengünstig umgesetzt werden und ist sehr anschaulich, was es zu einem äußerst experimentierfähigen Verfahren macht (Abbildung 2.4). Das Ausgangsmaterial ist ein thermoplastischer Kunststoff, zumeist in Form eines dünnen Drahtes, welcher auf einer Spule gelagert ist, das sogenannte Filament. Das Filament gelangt zunächst in einen Extruder, von dem es mittels spezieller Zahnräder in den Heizblock befördert wird. Hier wird das Filament elektrisch erhitzt, sodass es sich verflüssigt. Je nach Material beträgt die dafür nötige Temperatur zwischen 190 °C und 300 °C. Durch den Druck, den das vom Extruder nachgeschobene Filament ausübt, fließt das flüssige Material weiter in die Nozzle (oder Düse), die über eine kleine runde Öffnung verfügt, meist mit einem Durchmesser von 0, 25 mm bis 1 mm. So wird ein dünner homogener Kunststofffaden extrudiert. Im Folgenden wird die Baugruppe – bestehend aus diesen Teilen – als Druckkopf bezeichnet, wobei der Extruder aufgrund der räumlichen Trennung bei manchen Modellen nicht dazugezählt werden kann. Der Druckkopf bewegt sich nun mit einem kleinen Abstand (für gewöhnlich $\leq$ 1 mm) entlang eines berechneten Pfades über die Druckplattform und druckt so eine Linie. Der Abstand entspricht der Schichtdicke. Da das Material flüssig ist, verschmilzt es mit zuvor gedruckten Linien zu einer Schicht. Ist der Druck einer Schicht abgeschlossen, wird der Abstand des Druckkopfes zur Druckplattform um die Schichtdicke erhöht und die nächste Schicht gedruckt.

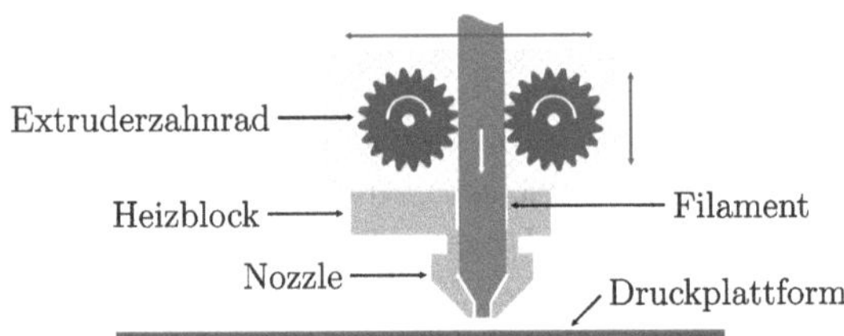

Abbildung 2.4 FDM-Prinzip – Aufbau des Druckkopfes

2.2 Das Problem der planaren Schichten

Viele Objekte können gut mit planaren Schichten gedruckt werden, gerade solche, die eine ebene Oberfläche haben. Problematisch sind Objekte, die eine schräge oder durchgehend geschwungene Oberfläche besitzen. Bei diesen tritt der *Stufeneffekt* auf, wie er auch in diversen anderen Publikationen zum nicht-planaren 3D-Druck beschrieben ist [1, 6, 12, 15, 30]. In Abbildung 2.5 ist der zweidimensionale Schnitt eines Objekts illustriert und wie dieses mit planaren Schichten der Schichtdicke d gedruckt werden würde. Für diesen Schnitt kann die Oberfläche als Graph der Funktion $S : \mathbb{R} \to \mathbb{R}$ verstanden werden. Am unteren linken Rand decken die Schichten die Oberfläche gut ab; die Approximation, die durch den Druck stattfindet, weist also einen geringen Fehler auf. Je flacher die Oberfläche allerdings wird, desto größer werden die Stufen, die sich von Schicht zu Schicht ergeben. Die Oberfläche des Objekts wird so nicht mehr gut von den Schichten abgebildet und der Approximationsfehler wird größer. Genauer ergibt sich die Stufengröße δ in Abhängigkeit vom Gradienten der Oberfläche $\nabla S \in (0, \frac{\pi}{2}]$ und der Schichtdicke $d \in \mathbb{R}_+$ zu

$$\delta = \frac{d}{\tan(\nabla S)}. \tag{2.1}$$

In dem hier gezeigten zweidimensionalen Fall ist der Gradient der Oberfläche die Ableitung der Funktion S. Für $\nabla S = 0$ ist die Stufengröße wieder $\delta = 0$, da die Oberfläche in diesem Fall parallel zu den Schichten liegt und so mit einer Schicht exakt abgebildet werden kann. Der kritische Bereich ergibt sich also bei Oberflächen mit kleinem Gradienten > 0. Sowohl aus ästhetischen als auch aus mechanischen Gründen kann es von großem Interesse sein, solche Oberflächen gut herstellen zu können [6]. Ist die Oberfläche beispielsweise die Kontaktfläche eines Gelenks, so muss diese möglichst glatt sein, um die Reibung gering zu halten. Einen ebenso großen Effekt hat die Struktur der Oberfläche bei Bauteilen, die einen möglichst geringen Strömungswiderstand aufweisen sollten – wie die Tragflächen eines Flugzeuges oder der Propeller eines Schiffsantriebes.

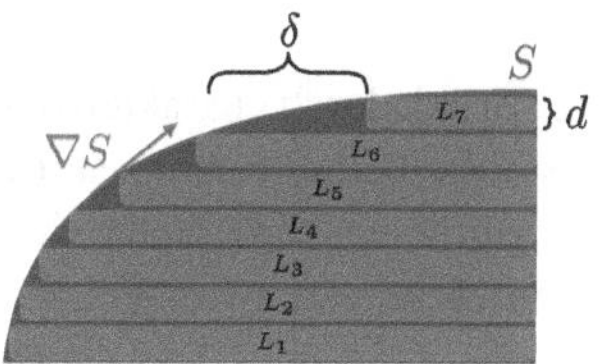

Abbildung 2.5 Zunehmende Stufengröße im planaren Druck bei abnehmendem Gradienten der Oberfläche

Wie in Abbildung 2.6 zu sehen, kann die Stufengröße durch die Wahl kleinerer Schichtdicken verringert werden. Jedoch kann der durch noch kleinere Gradienten auftretende Fehler nie ganz durch noch geringere Schichtdicken kompensiert werden. Zudem steigt die Druckzeit mit abnehmender Schichtdicke an. Eine Halbierung der Schichtdicke zieht eine Verdoppelung der Druckzeit nach sich. Der Ansatz, geringere Schichtdicken zu verwenden, kann also Abhilfe schaffen, ist jedoch für höhere Ansprüche an die Oberflächenqualität nicht ökonomisch. Eine vollständige Vermeidung von Stufen ist für eine Oberfläche mit $0 < \nabla S < \frac{\pi}{2}$ mit einem planaren Druckverfahren sogar unmöglich.

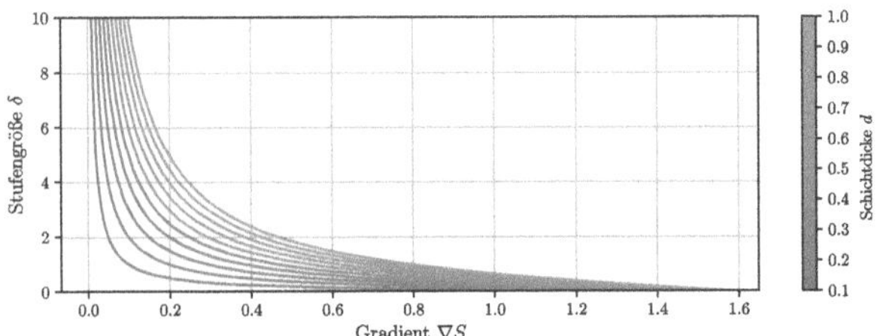

Abbildung 2.6 Stufengröße δ in Abhängigkeit des Gradienten der Oberfläche ∇S für verschiedene Schichtdicken d nach Gleichung 2.1

Das motiviert die Entwicklung nicht-planarer Verfahren.

2.3 Nicht-planarer 3D-Druck

Im Folgenden wird sich stets auf das FDM-Verfahren bezogen. Auf andere Verfahren lassen sich die hier beschriebenen nicht-planaren Ansätze nur bedingt oder gar nicht übertragen.

Nicht planarer 3D-Druck wird dadurch charakterisiert, dass sich der Druckkopf während des Druckvorgangs auf einem dreidimensionalen Pfad bewegt, also von allen Achsen gleichzeitig angetrieben wird. Setzt sich der Druck weiterhin aus Schichten zusammen, können diese geschwungene Formen annehmen und sind nicht notwendigerweise parallel zueinander. Die oberste Schicht kann genau der Kontur der Oberfläche folgen, sodass diese exakt abgebildet wird, während die unterste parallel zur Druckplattform verläuft. Um das zu erreichen, müssen die entsprechenden dreidimensionalen Pfade berechnet und in Steuerbefehle umgesetzt werden, also nicht-planares „slicing“ betrieben werden.

Es gibt bereits diverse Programme, die das können. Entweder als eigenständige Software oder als Erweiterung für einen bestehenden Slicer. Ein Beispiel für eine eigenständige Software ist *FullControl* [12]. Diese bietet eine Vielzahl an Werkzeugen, um Steuerbefehle direkt zu erzeugen. Es wird also nicht, wie bei anderen Slicern, von einem dreidimensionalen Objekt ausgegangen, welches dann möglichst gut durch Schichten approximiert werden muss, sondern das Objekt entsteht direkt durch das Programmieren der Pfade, auf denen sich der Druckkopf später bewegt. So sind nicht-planare Bewegungen sehr einfach zu realisieren, jedoch ist es aufwendig, die Pfade für komplexe mechanische Teile zu programmieren.

Einen anderen Ansatz verfolgt eine Erweiterung für die Slicer-Software *Slic3r* [1]. Hier wird das Objekt zunächst in planare und nicht-planare Regionen aufgeteilt. Die planaren Regionen werden dann auf herkömmliche Weise bearbeitet. Für die nicht-planaren Regionen werden nicht-planare Schichten generiert, indem die Oberfläche des Objekts auf eine zur Druckplattform parallele Ebene projiziert wird, dort planar bearbeitet wird und die resultierenden Pfade wieder auf die Oberfläche zurückprojiziert werden. So lassen sich bestehende planare Methoden gut für nicht-planare Schichten adaptieren.

Eine zusätzliche Herausforderung, die sich beim nicht-planaren 3D-Druck ergibt, ist die Gefahr von Kollisionen. Die Erkennung von Kollisionen bei 3D-Druckern mit drei Achsen wird in Abschnitt 5.5 genauer behandelt. Dort wird sich zeigen, dass für die Oberfläche Beschränkungen eingehalten werden müssen, damit diese nicht-planar druckbar ist. Um diese Beschränkungen zu umgehen, gibt es Ansätze, die die Verwendung einer vier- oder mehr-achsigen Maschine für den nicht-planaren 3D-Druck vorschlagen [15, 30]. Damit sind weitaus komplexere Pfade des Druckkopfes möglich, jedoch ist die Berechnung auch mit mehr Aufwand verbunden.

2.4 G-Code: Die Sprache der Maschinen

Eine CNC-Maschine, wie es auch ein 3D-Drucker ist, benötigt Anweisungen, die in Steuersignale für Motoren oder andere Aktoren umgesetzt werden können. Diese Anweisungen werden üblicherweise im **G-Code** an die Maschine übertragen. Ein typischer G-Code-Befehl ist folgendermaßen aufgebaut.

```
G1 [E<Position>] [F<Rate>] [X<Position>] [Y<Position>] [Z<Position>]
```

(2.2)

Hier markiert G1 den Beginn und gibt die Art des Befehls an. In diesem Fall handelt es sich um eine geradlinige Bewegung. Alle folgenden Teile sind Parameter. Sie bestehen aus einem Buchstaben und einer Zahl, hier notiert als <Zahl>. Die eckigen Klammern markieren einen Teil als optional. Es ist also auch G1 ohne darauffolgende Parameter ein gültiger Befehl, der allerdings keine Aktion der Maschine zufolge hat.

E gibt an, wie weit der Extruder das Filament fördern soll. Die nachstehende Zahl <Position> ist je nach Maschine in z. B. mm Filament (noch nicht geschmolzenes Material) oder mm^3 Material zu verstehen. F steht für die Vorschubgeschwindigkeit (engl.: *feedrate*). Mit der nachstehenden Zahl <Rate> wird die Geschwindigkeit festgelegt, mit der die Maschine die angeforderte Bewegung ausführt. Abhängig von der Maschine kann diese in unterschiedlichen Einheiten angegeben werden. Für 3D-Drucker ist $\frac{\text{mm}}{\text{min}}$ üblich. Die letzten drei Parameter X, Y und Z geben die Koordinaten an, zu denen sich die Maschine bzw. das Werkzeug bewegen soll. Bei einem 3D-Drucker mit zueinander rechtwinklig angeordneten Achsen entsprechen die nachfolgenden Zahlen zusammen den kartesischen Koordinaten im Druckbereich. Die Einheit ist hier üblicherweise mm. Tabelle 2.1 zeigt eine Auswahl an G-Code-Befehlen, wie sie im Marlin-Dialekt gebräuchlich sind [24].

Tabelle 2.1 Typische G-Code-Befehle des Marlin-Dialekts

Befehl	Bezeichnung
G0	Geradlinige Bewegung (ohne Extrusion)
G1	Geradlinige Bewegung (mit Extrusion)
G10	Filament zurückziehen
G11	Filament vorschieben
G92	Aktuelle Position auf Wert setzen
M82	Absoluter Extrusionsmodus
M83	Relativer Extrusionsmodus
M106	Lüftergeschwindigkeit
M107	Lüfter ausschalten

3 Optimierung

In unserem täglichen Leben treffen wir ständig Entscheidungen, bei denen wir bestrebt sind, die besten Ergebnisse unter gegebenen Bedingungen zu erzielen. Die mathematische Disziplin der Optimierung beschäftigt sich mit eben dieser Aufgabe, die besten Lösungen für komplexe Probleme zu finden. Die Optimierung kann grundlegend in drei Klassen unterteilt werden, die sich jeweils in der Art des Suchraumes unterscheiden. So wird unterschieden zwischen der **kontinuierlichen**, **diskreten** und **kombinatorischen** Optimierung, wobei der Suchraum jeweils überabzählbar unendlich, abzählbar unendlich bzw. endlich ist [14]. In diesem Kapitel wird sich näher mit den Grundlagen der kontinuierlichen Optimierung befasst und die multikriterielle Optimierung als Erweiterung eingeführt.

3.1 Kontinuierliche Optimierung

Die allgemeinste Form der eindimensionalen kontinuierlichen Optimierung beschreibt das Minimieren einer skalaren reellen Zielfunktion. Dies wird als nichtlineares Optimierungsproblem bezeichnet und wie folgt definiert. Der Großteil dieses Abschnitts orientiert sich an Jungnickel [18].

Definition 3.1 (Allgemeines nichtlineares Optimierungsproblem)**.** Für $x \in \mathbb{X} \subset \mathbb{R}^n$ und $f : \mathbb{X} \to \mathbb{R}$, $g : \mathbb{X} \to \mathbb{R}^m$ und $h : \mathbb{X} \to \mathbb{R}^q$ zweimal stetig differenzierbar mit $n, m, q \in \mathbb{N}$ definiert

M. Walther, *Multikriterielle Optimalsteuerung am Beispiel des nicht-planaren 3D-Drucks*, BestMasters,
https://doi.org/10.1007/978-3-658-50408-3_3

$$\begin{aligned} \min_{x \in \mathbb{X}} \quad & f(x) \\ \text{unter} \quad & g(x) = 0 \\ & h(x) \leqslant 0 \end{aligned} \tag{OP}$$

ein allgemeines eindimensionales nichtlineares Optimierungsproblem.

Dabei werden f als **Zielfunktion**, g als **Gleichungsrestriktionen** und h als **Ungleichungsrestriktionen** bezeichnet. Der Suchraum ist hier $\mathbb{X}$. Zudem ist der **Zulässigkeitsbereich** definiert als

$$X := \{x \in \mathbb{X} : \; g(x) = 0, h(x) \leqslant 0\}.$$

Jedes $x \in X$ ist dann ein **zulässiger Punkt.**

Soll eine Zielfunktion f maximiert statt minimiert werden, so kann das Vorzeichen umgekehrt und obige Definition auf $-f$ angewendet werden.

Das Problem aus Definition 3.1 wird nichtlinear genannt, da sowohl f als auch g und h nicht notwendigerweise linear sein müssen. Ein lineares Optimierungsproblem ist ein Spezialfall, bei dem f linear und g und h affin sind, also der Form $g(x) = Ax + a$ mit $A \in \mathbb{R}^{m \times n}$, $a \in \mathbb{R}^m$ (analog für h) entsprechen.

Ein weiterer wichtiger Spezialfall ist das quadratische Optimierungsproblem.

Definition 3.2 (Quadratisches Optimierungsproblem)**.** Für $x \in \mathbb{X} \subset \mathbb{R}^n$, ein symmetrisches $Q \in \mathbb{R}^{n \times n}$, die Matrizen $A \in \mathbb{R}^{m \times n}$, $B \in \mathbb{R}^{q \times n}$ und $a \in \mathbb{R}^m$, $b \in \mathbb{R}^q$, $c \in \mathbb{R}^n$, $\gamma \in \mathbb{R}$ definiert

$$\begin{aligned} \min_{x \in \mathbb{X}} \quad & f(x) := x^\top Q x + c^\top x + \gamma \\ \text{unter} \quad & Ax + a = 0 \\ & Bx + b \leqslant 0 \end{aligned} \tag{QP}$$

ein quadratisches Optimierungsproblem.

Diese, auf eine quadratische Zielfunktion beschränkte, Form wird im Folgenden für die numerische Optimierung benötigt.

Ist ein Optimierungsproblem gegeben, richtet sich die erste Frage danach, wann dieses Problem überhaupt gelöst ist bzw. unter welchen Umständen von einer optimalen Lösung gesprochen werden kann. Dazu soll zunächst der Begriff der **aktiven Restriktionen** eingeführt werden. So werden für einen zulässigen Punkt x alle Komponenten der Ungleichungsrestriktionen h als aktiv bezeichnet, für die tatsächlich Gleichheit gilt. Alle Indizes $i = 1, \ldots, q$, für die $h_i(x) = 0$ gilt, werden in einer

Menge $I(x) \subset \mathbb{N}$ zusammengefasst:

$$i \in I(x) \quad \Leftrightarrow \quad h_i(x) = 0.$$

Bei Jungnickel [18] wird dies die Menge der *straffen* Restriktionen genannt. Hinführend zu notwendigen Bedingungen für ein Optimum folgen nun die Definitionen für einen regulären Punkt und der Lagrange-Funktion.

Definition 3.3 (Regulärer Punkt). Für das Optimierungsproblem (OP) heißt ein zulässiger Punkt x regulär, wenn die Gradienten

$$\nabla g_j(x) \text{ für } j = 1, \ldots, m \quad \text{und} \quad \nabla h_i(x) \text{ für } i \in I(x),$$

also alle Gleichungsrestriktionen und aktiven Ungleichungsrestriktionen, linear unabhängig sind.

Definition 3.4 (Lagrange-Funktion). Für das Optimierungsproblem (OP) ist die Lagrange-Funktion $L : \mathbb{X} \times \mathbb{R}^m \times \mathbb{R}^q \to \mathbb{R}$ definiert als

$$L(x, \lambda, \mu) := f(x) + \lambda^\top g(x) + \mu^\top h(x).$$

Mithilfe der Lagrange-Funktion können nun notwendige Bedingungen für ein lokales Minimum formuliert werden. Das führt zu den sogenannten **KKT-Bedingungen**, benannt nach W. Karush, H. W. Kuhn und A. W. Tucker.

Definition 3.5 (KKT-Punkt). Für das Optimierungsproblem (OP) heißt ein Punkt $(x^*, \lambda^*, \mu^*) \in \mathbb{X} \times \mathbb{R}^m \times \mathbb{R}^q$ Karush-Kuhn-Tucker-Punkt oder kurz KKT-Punkt, wenn die Bedingungen

$$\nabla_x L(x^*, \lambda^*, \mu^*) = 0 \tag{3.1}$$

$$g(x^*) = 0 \tag{3.2}$$

$$h(x^*) \leqslant 0 \tag{3.3}$$

$$\mu^* \geqslant 0 \tag{3.4}$$

$$\mu^{*T} h(x^*) = 0 \tag{3.5}$$

erfüllt sind.

Die Bedingung (3.1) nennt sich KKT-Gleichung und erinnert an die 0-Setzung der ersten Ableitung bei der Extrempunktsuche ohne Nebenbedingungen. Mit den Bedingungen (3.2) und (3.3) wird die Zulässigkeit des Punktes x^* gefordert. Bedingung (3.4) nennt sich Nichtnegativitätsbedingung. Die Komplementaritätsbedingung (3.5) lässt für Einträge μ_i^* von μ^* nur $\mu_i^* \neq 0$ für entsprechende aktive Ungleichungsrestriktionen, also $h_i(x) = 0$, zu.

Mit dieser Definition wird nun die notwendige Bedingung für ein lokales Minimum aufgestellt.

Satz 3.1 (Notwendige KKT-Bedingungen)**.** Gegeben sei das Optimierungsproblem (OP), wobei $\mathbb{X}$ offen, f differenzierbar auf $\mathbb{X}$ und g und h stetig differenzierbar auf $\mathbb{X}$ seien. Ist $x^* \in X$ regulär, so gibt es $\lambda^* \in \mathbb{R}^m$ und $\mu^* \in \mathbb{R}^q$, sodass gilt:

$$x^* \text{ ist lokal Minimum von } f \quad \Rightarrow \quad \left(x^*, \lambda^*, \mu^*\right) \text{ ist KKT-Punkt.}$$

Ein Beweis findet sich beispielsweise bei Jungnickel [18].

Hiermit lassen sich Punkte als Kandidaten für Minima identifizieren. Um zu entscheiden, ob es sich bei diesen Punkten wirklich um Minima handelt, wird eine weitere hinreichende Bedingung benötigt. Dazu werden Bedingungen an die Hessematrix der Lagrange-Funktion, definiert als

$$H_L(x) := H_f(x) + \sum_{j=1}^{m} \lambda_j H_{g_j}(x) + \sum_{i=1}^{q} \mu_i H_{h_i}(x),$$

gestellt. Für zweimal stetig differenzierbares $f : \mathbb{R}^n \to \mathbb{R}$ ist dabei die Hessematrix gegeben als

$$H_f(x) := \left(\frac{\partial^2 f}{\partial x_i \partial x_j}(x) \right)_{i,j=1,\dots,n}.$$

Die zuvor definierte Indexmenge der aktiven Restriktionen $I(x)$ soll nun anhand der Lagrange-Multiplikatoren in zwei Teilmengen zerlegt werden. Zum einen in die Indexmenge der *stark aktiven* Restriktionen

$$I^+ := \{i \in I : \mu_i > 0\}$$

und zum anderen in die Indexmenge der *schwach aktiven* Restriktionen

$$I^0 := \{i \in I : \mu_i = 0\}.$$

Jetzt kann folgende hinreichende Bedingung für ein Minimum aufgestellt werden.

Satz 3.2 (Hinreichende Bedingungen zweiter Ordnung). Gegeben sei das Optimierungsproblem (OP), wobei $\mathbb{X}$ offen und f, g und h zweimal stetig differenzierbar auf $\mathbb{X}$ seien. Außerdem sei

$$K := \{y \in \mathbb{R}^n : \nabla g(x)y = 0,\ \nabla h_i(x)y = 0 \text{ für } i \in I^+,\ h_i(x)y \leqslant 0 \text{ für } i \in I^0\}.$$

Ist $(x^*, \lambda^*, \mu^*) \in X \times \mathbb{R}^m \times \mathbb{R}^q$ ein KKT-Punkt, so gilt:

$$H_L(x^*) \text{ positiv definit auf } K \quad \Rightarrow \quad x^* \text{ ist striktes lokales Minimum von } f \text{ auf } X.$$

Damit kann die Optimalität einer Lösung festgestellt werden und aus analytischer Sicht geben die Sätze 3.1 und 3.2 auch ein Verfahren zur Lösung eines allgemeinen Optimierungsproblems vor.

3.2 Numerische Optimierung

In der Praxis gestaltet sich die direkte Umsetzung der vorangegangenen Sätze in effiziente Algorithmen oft schwierig oder ist gar unmöglich. Eine Lösung bieten hier numerische Verfahren, die schrittweise eine Näherung der Lösung finden. Zu den bedeutendsten Ansätzen gehören die sogenannten SQP-Verfahren (engl.: *Sequential Quadratic Programming*) [11]. SQP-Verfahren basieren darauf, das ursprüngliche Problem durch ein quadratisches Optimierungsproblem zu approximieren und dieses mit geeigneten Methoden zu lösen. Dieser Prozess wird wiederholt, sodass sich sukzessive der optimalen Lösung genähert werden kann. In diesem Abschnitt wird das grundlegende SQP-Verfahren, orientiert an Geiger und Kanzow [11], mittels des Lagrange-Newton-Verfahrens hergeleitet. Alternativ wird das Verfahren auch von Jarre und Stoer [17] hergeleitet.

Zunächst soll ein reduziertes Optimierungsproblem ohne Ungleichungsrestriktionen betrachtet werden. Dazu seien $f : \mathbb{R}^n \to \mathbb{R}$ und $g : \mathbb{R}^n \to \mathbb{R}^m$ zweimal stetig differenzierbar. Das gleichheitsrestringierte Problem ist dann gegeben durch

$$\begin{aligned} \min_{x \in \mathbb{R}^n} \quad & f(x) \\ \text{unter} \quad & g(x) = 0. \end{aligned} \tag{3.6}$$

Die zugehörige Lagrange-Funktion vereinfacht sich zu

$$L(x,\lambda) := f(x) + \lambda^\top g(x).$$

Damit lauten die KKT-Bedingungen

$$\begin{aligned} \nabla_x L(x,\lambda) &= 0 \\ g(x) &= 0. \end{aligned}$$

Diese Bedingungen können mit $\Phi : \mathbb{R}^n \times \mathbb{R}^m \to \mathbb{R}^n \times \mathbb{R}^m$,

$$\Phi(x,\lambda) := \begin{pmatrix} \nabla_x L(x,\lambda) \\ g(x) \end{pmatrix}, \quad \Phi'(x,\lambda) = \begin{pmatrix} \nabla^2_{xx} L(x,\lambda) & g'(x)^\top \\ g'(x) & 0 \end{pmatrix}$$

zu dem nichtlinearen Gleichungssystem

$$\Phi(x,\lambda) = 0 \tag{3.7}$$

zusammengefasst werden. Hier ist $g'(x) \in \mathbb{R}^{m\times n}$ die Jacobi-Matrix von g in x. Ist der Punkt (x^*, λ^*) eine Lösung dieses Gleichungssystems, so ist dieser auch ein KKT-Punkt des Problems (3.6) und damit ein Kandidat für ein Optimum. Zur numerischen Lösung des Gleichungssystems (3.7) kann nun das Newton-Verfahren angewendet werden.

Dazu wird ein Startwert (x^0, λ^0) gewählt und für $i \in \mathbb{N}$ der Iterationsvorschrift

$$\left(x^{i+1}, \lambda^{i+1}\right) := \left(x^i, \lambda^i\right) - \Phi'(x^i, \lambda^i)^{-1} \Phi(x^i, \lambda^i)$$

gefolgt, indem für jeden Iterationsschritt das lineare Gleichungssystem

$$\Phi'(x^i, \lambda^i) \begin{pmatrix} \Delta x \\ \Delta\lambda \end{pmatrix} = -\Phi(x^i, \lambda^i)$$

gelöst und dann $x^{i+1} = x^i + \Delta x$ und $\lambda^{i+1} = \lambda^i + \Delta\lambda$ gesetzt wird. Das kann ausgeschrieben werden als

$$\begin{aligned} \nabla^2_{xx} L(x^i, \lambda^i)\Delta x + g'(x^i)^\top \Delta\lambda &= -\nabla_x L(x^i, \lambda^i) \\ g'(x^i)\Delta x &= -g(x^i). \end{aligned}$$

Sei H^i eine Approximation von $\nabla^2_{xx} L(x^i, \lambda^i)$, der Hessematrix der Lagrange-Funktion und $\tilde{\lambda} := \lambda^i + \Delta\lambda$, so kann das Gleichungssystem umgeformt werden zu

$$\begin{aligned} \nabla f(x^i) + H^i \Delta x + g'(x^i)^\top \tilde{\lambda} &= 0 \\ g(x^i) + g'(x^i)\Delta x &= 0. \end{aligned} \tag{3.8}$$

Es fällt nun auf, dass dieses Gleichungssystem (3.8) gerade die KKT-Bedingungen für das quadratische Minimierungsproblem

$$\begin{aligned} \min_{\Delta x \in \mathbb{R}^n} \quad & \nabla f(x^i)^\top \Delta x + \tfrac{1}{2} \Delta x^\top H^i \Delta x \\ \text{unter} \quad & g(x^i) + g'(x^i)\Delta x = 0 \end{aligned}$$

darstellt. Der KKT-Punkt wäre hier $(\Delta x, \tilde{\lambda})$. Außerdem entspricht die Zielfunktion hier der quadratischen Approximation der Zielfunktion f aus (3.6), abgesehen von der Matrix H^i statt der eigentlich zu verwendenden Hessematrix H_f von f. Auch die Nebenbedingung hier stellt eine, in diesem Fall lineare, Approximation der Nebenbedingung aus (3.6) dar.

Insgesamt ergibt sich ein quadratisches Teilproblem, welches das Ausgangsproblem (3.6) approximiert. Vorausgesetzt das quadratische Problem kann gelöst werden, ergibt sich gleichzeitig eine Vorschrift, nach der sich schrittweise der Lösung des Ausgangsproblems genähert werden kann.

In dieser Herleitung wurde nur ein Problem mit Gleichungsrestriktionen betrachtet. Dieselbe Vorgehensweise kann aber auch auf das allgemeine Optimierungsproblem (OP) angewendet werden. Das entsprechende quadratische Teilproblem lautet dann

$$\begin{aligned} \min_{\Delta x \in \mathbb{R}^n} \quad & \nabla f(x^i)^\top \Delta x + \tfrac{1}{2} \Delta x^\top H^i \Delta x \\ \text{unter} \quad & g(x^i) + g'(x^i)\Delta x = 0 \\ & h(x^i) + h'(x^i)\Delta x \leqslant 0. \end{aligned} \tag{3.9}$$

In kompakter Form lautet der Algorithmus wie folgt.

Diese Version gibt einen guten Einblick in das grundlegende Verfahren, sie ist in der hier gezeigten Form allerdings nicht praxistauglich. Die Konvergenz kann so z. B. nicht garantiert werden. So wird in (3.8) die Approximation H^i für die

Algorithmus 1: SQP-Verfahren

1 Wähle $(x^0, \lambda^0, \mu^0) \in \mathbb{R}^n \times \mathbb{R}^m \times \mathbb{R}^q$, $H^0 \in \mathbb{R}^{n \times n}$ symmetrisch.
2 **wenn** (x^i, λ^i, μ^i) *KKT-Punkt ist,* **dann**
3 | Stopp.
4 **Ende**
5 Berechne eine Lösung $\Delta x^i \in \mathbb{R}^n$ von (3.9) mit Lagrange-Multiplikatoren λ^{i+1} und μ^{i+1}.
6 Setze $x^{i+1} := x^i + \Delta x^i$.
7 Wähle $H^{i+1} \in \mathbb{R}^{n \times n}$ symmetrisch.
8 Setze $i \leftarrow i + 1$.
9 Gehe zu Schritt 2.

Hessematrix der Lagrange-Funktion eingesetzt. Unter der Voraussetzung jedoch, dass

$$H^i = \nabla^2_{xx} L(x^i, \lambda^i, \mu^i)$$

für alle $i \in \mathbb{N}$ gewählt wird, kann die lokale Konvergenz gezeigt werden [11, S. 244].

Zusätzlich ist es erstrebenswert, ein nicht nur lokal, sondern global konvergentes Verfahren zu erhalten. Das kann erreicht werden, indem der Algorithmus um eine geeignete Schrittweitensteuerung ergänzt wird. Statt $x^{i+1} := x^i + \Delta x^i$ wird also $x^{i+1} := x^i + \delta^i \cdot \Delta x^i$ für geeignetes $\delta^i \in \mathbb{R}$ gesetzt. Dieser Faktor wird auf Grundlage einer *Straf-Funktion*, auch *Penalty-Funktion* oder *Merit-Funktion* genannt, gewählt. Eine solche Funktion stellt ein Maß für die „Qualität" einer Iterierten (x^i, λ^i, μ^i) dar. Eine typische Wahl für eine Straf-Funktion ist die ℓ_1-Straf-Funktion

$$P_1(x, \alpha) := f(x) + \alpha \sum_{j=1}^{m} \left|g_j(x)\right| + \alpha \sum_{i=1}^{q} \max(0, h_i(x)).$$

Der Faktor $\alpha \in \mathbb{R}_+$, auch *Penalty-Parameter* genannt, gibt eine Gewichtung der Zulässigkeit des Punktes x gegenüber des Zielfunktionswertes $f(x)$ an. Die Wahl eines (hinreichend großen) Wertes für α ist nicht trivial.

Es kann nun eine, der Armijo-Regel folgende, inexakte Liniensuche nach einer geeigneten Schrittweite durchgeführt werden [31, S. 12].

Seien dazu $\alpha \in \mathbb{R}_+$, $\beta \in (0, 1)$ und $\sigma \in (0, 1)$ und wähle für den aktuellen SQP-Iterationsschritt $i \in \mathbb{N}$ wiederum iterativ die Schrittweite

$$\delta^i = \max\left\{\beta^l \,:\, l = 0, 1, 2, \ldots\right\},$$

sodass die Armijo-Regel

$$P_1(x^i + \delta^i \cdot \Delta x^i, \alpha) \leqslant P_1(x^i, \alpha) + \sigma\delta^i P_1'(x^i, \alpha, \Delta x^i)$$

eingehalten wird. Zu beachten ist, dass hier mit β^l die Potenz und kein Index gemeint ist. Mit $P_1'(x, \alpha, \Delta x)$ wird hier die Richtungsableitung von P_1 in Richtung $\Delta x \in \mathbb{R}^n$ bezeichnet [11, S. 252]. Um δ^i nach unten hin zu beschränken, kann ein $\delta_{\min}$ gesetzt werden und zusätzlich $\delta^i \geqslant \delta_{\min}$ gefordert werden.

In den SQP-Algorithmus wird diese Schrittweitensteuerung nun wie folgt eingepflegt.

Algorithmus 2: SQP-Verfahren mit Schrittweitensteuerung

1 Wähle $(x^0, \lambda^0, \mu^0) \in \mathbb{R}^n \times \mathbb{R}^m \times \mathbb{R}^q$, $H^0 \in \mathbb{R}^{n\times n}$ symmetrisch, $\alpha \in \mathbb{R}_+$, $\beta \in (0, 1)$ und $\sigma \in (0, 1)$.
2 **wenn** (x^i, λ^i, μ^i) *KKT-Punkt ist,* **dann**
3 | Stopp.
4 **Ende**
5 Berechne eine Lösung $\Delta x^i \in \mathbb{R}^n$ von (3.9) mit Lagrange-Multiplikatoren λ^{i+1} und μ^{i+1}.
6 Wähle $\delta^i = \max\{\beta^l : l = 0, 1, 2, \ldots\}$, sodass $P_1(x^i + \delta^i \cdot \Delta x^i, \alpha) \leqslant P_1(x^i, \alpha) + \sigma\delta^i P_1'(x^i, \alpha, \Delta x^i)$.
7 Setze $x^{i+1} := x^i + \delta^i \cdot \Delta x^i$.
8 Wähle $H^{i+1} \in \mathbb{R}^{n\times n}$ symmetrisch.
9 Setze $i \leftarrow i + 1$.
10 Gehe zu Schritt 2.

Diese Art der Schrittweitensteuerung mittels ℓ_1-Straf-Funktion ist so auch in dem später verwendeten Löser WORHP implementiert. Für die Wahl des Penalty-Parameters α wird dabei die Powell-Vorschrift verwendet (siehe *Users' Guide to WORHP 1.14*) [31]. Verwendet wird in der Praxis jedoch häufig eine komplexere *erweiterte Lagrange-Funktion*, auch *Augmented Lagrangian* oder *Multiplier-Penalty-Funktion* genannt. Diese hängt zusätzlich von den Lagrange-Multiplikatoren λ und μ ab und ist stetig differenzierbar. Zur genaueren Methodik sei an dieser Stelle auf Geiger und Kanzow [11, S. 228] verwiesen. Das quadratische Teilproblem in Schritt 5 kann beispielsweise mit einem Innere-Punkte-Verfahren gelöst werden.

3.3 Multikriterielle Optimierung

In einem Optimierungsproblem wie in Definition 3.1 bildet f auf $\mathbb{R}$ ab. Es gibt somit genau eine skalare Zielgröße. Der Eingabeparameter x ist hingegen n-dimensional, die Zielgröße kann also von vielen unabhängigen Größen abhängen.

Aus technischer Sicht kann die Begrenzung auf nur eine Zielgröße sehr einschränkend sein und die Realität schlecht abbilden. Häufig gibt es mehrere Größen, die es zu optimieren gilt – zum Beispiel einerseits die Stabilität eines Bauteils und andererseits das Gewicht dieses Bauteils. Wie auch in diesem Beispiel anzunehmen stehen verschiedene Zielgrößen im Allgemeinen im Konflikt miteinander. Das Bauteil könnte zwar sehr stabil konstruiert werden, wäre dann aber sehr schwer oder es könnte sehr leicht konstruiert werden, ist dann aber nicht mehr stabil. Wird eine Zielgröße verbessert, so wird die andere zum Schlechteren verändert und umgekehrt. Bei zwei Kriterien f_1 und f_2 gibt es also im Allgemeinen kein einziges x^*, welches beide optimiert. Zwei Kriterien verhalten sich im Allgemeinen kontradiktorisch zueinander. Um dieses Problem zu lösen, muss ein Kompromiss gefunden werden, der alle Kriterien einbezieht. Mathematisch lässt sich ein solches multikriterielles Optimierungsproblem wie folgt definieren:

Definition 3.6 (Multikriterielles Optimierungsproblem). Seien $F : \mathbb{R}^n \to \mathbb{R}^N$, $g : \mathbb{R}^n \to \mathbb{R}^m$ und $h : \mathbb{R}^n \to \mathbb{R}^q$ zweimal stetig differenzierbar und $\mathbb{X} \subset \mathbb{R}^n$, dann ist

$$\begin{aligned} \min_{x \in \mathbb{X}} \; F(x) &= \begin{pmatrix} f_1(x) \\ \vdots \\ f_N(x) \end{pmatrix} \\ \text{unter } \; g(x) &= 0 \\ h(x) &\leqslant 0 \end{aligned} \tag{MOP}$$

ein multikriterielles Optimierungsproblem.

Zu beachten ist, dass hier das „min“ nicht auf herkömmliche Weise – wie beim allgemeinen Optimierungsproblem – interpretiert werden kann. Vielmehr wird hier eine Menge an Kompromissen zwischen den Kriterien gesucht.

Um diese Menge formal definieren zu können, wird zunächst der Begriff des dominanten Vektors eingeführt.

Definition 3.7 (Dominanter Vektor). $F(\widehat{x})$ dominiert $F(\bar{x})$:

$$F(\widehat{x}) \prec F(\bar{x}),$$

genau dann, wenn

$$\forall i \in \{1, \ldots, N\} : f_i(\widehat{x}) \leqslant f_i(\bar{x}) \quad \wedge \quad \exists j \in \{1, \ldots, N\} : f_j(\widehat{x}) < f_j(\bar{x}).$$

Hiermit kann nun die Eigenschaft der Pareto-Optimalität definiert werden. Von jedem akzeptablen Kompromiss muss diese erfüllt werden.

Definition 3.8 (Pareto optimal). Der Punkt $x^* \in \mathbb{R}^n$ ist globales Pareto Optimum von (MOP) genau dann, wenn er von keinem anderen Punkt dominiert wird:

$$\nexists x \in \mathbb{R}^n : F(x) \prec F(x^*).$$

Ein Pareto-optimaler Punkt ist damit ein Wert der Zielfunktion F, der in keiner Hinsicht „verbessert", also weiter minimiert werden kann, ohne dabei in mindestens einer Komponente „schlechter", also größer zu werden: ein Kompromiss. Die Menge aller Pareto-optimalen Punkte $\mathcal{P}$ wird als Pareto-Front bezeichnet (Abbildung 3.1).

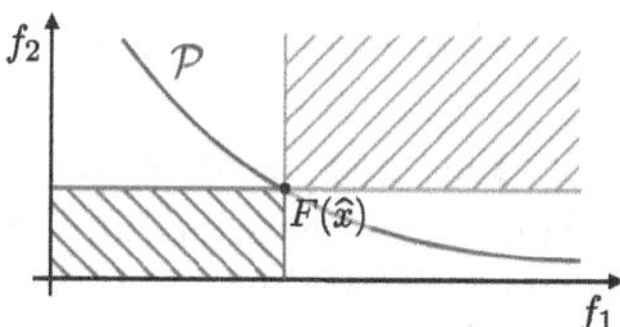

Abbildung 3.1 Punkt auf Pareto-Front $\mathcal{P}$. Der Punkt $F(\widehat{x})$ dominiert alle Punkte im grünen Bereich und würde von allen Punkten im roten Bereich dominiert werden

Wie zuvor erwähnt, existiert im Allgemeinen kein einziges x^*, das alle Zielfunktionen f_i gleichermaßen optimiert. Anders gesagt besteht die Pareto-Front aus mehr als einem Punkt. Es können dennoch alle Zielfunktionen einzeln optimiert werden. Das führt zu den individuellen Minima.

Definition 3.9 (Individuelles Minimum). Für ein multikriterielles Optimierungsproblem (MOP) ist für $i = 1, \ldots, N$ die Lösung f_i^* von

$$\begin{aligned} \min_{x \in \mathbb{X}} \quad & f_i(x) \\ \text{unter} \quad & g(x) = 0 \\ & h(x) \leqslant 0 \end{aligned} \tag{3.10}$$

das individuelle Minimum der i-ten Komponente von F mit zugehörigem Minimierer x_i^*.

Werden die einzelnen individuellen Minima wieder zu einem Vektor zusammengefügt, so entsteht das Schattenminimum.

Definition 3.10 (Schattenminimum). Das Schattenminimum $F^* \in \mathbb{R}^N$ ist der Vektor, der die individuellen Minima der Zielfunktionen f_i^* enthält:

$$F^* = \begin{pmatrix} f_1^* \\ \vdots \\ f_N^* \end{pmatrix}.$$

Dieser wird auch „utopischer Punkt“genannt.

Der Begriff „utopischer Punkt“ ist sehr treffend, da es sich hierbei zumeist um einen erwünschten, aber nie erreichbaren Punkt handelt.

3.4 Numerische multikriterielle Optimierung

Liegt keine eindimensionale Zielfunktion vor, so ist mit einer Lösung im Allgemeinen eine Approximation der Pareto-Front gemeint. Ein einfaches Verfahren, mit dem das in jedem Fall gelingt, existiert jedoch nicht. Es müssen bestimmte Anforderungen an die Approximation gestellt werden und entsprechende Verfahren entwickelt werden. Im Folgenden werden drei solcher Verfahren vorgestellt.

3.4.1 Das Verfahren der gewichteten Summe

Das zunächst naheliegendste Vorgehen ist, die einzelnen Komponenten der mehrdimensionalen Zielfunktion durch Addition zu einer skalaren Zielfunktion $R : \mathbb{R}^n \to \mathbb{R}$ zusammenzusetzen. Es ergibt sich aus (MOP) somit

$$\begin{aligned} \min_{x \in \mathbb{X}} \quad & R(x) = \sum_{i=1}^{N} f_i(x) \\ \text{unter} \quad & g(x) = 0 \\ & h(x) \leqslant 0. \end{aligned} \tag{3.11}$$

Beim Aufstellen dieses Optimierungsproblems wird implizit eine gleiche Gewichtung der einzelnen Komponenten f_i angenommen. Es werden nun die Gewichte $\alpha_1, \ldots, \alpha_N \in \mathbb{R}_+$ eingeführt und (3.11) erweitert zu

$$\begin{aligned} \min_{x \in \mathbb{X}} \quad & R(x) = \sum_{i=1}^{N} \alpha_i f_i(x) \\ \text{unter} \quad & g(x) = 0 \\ & h(x) \leqslant 0. \end{aligned} \tag{3.12}$$

Häufig wird

$$\sum_{i=1}^{N} \alpha_i = 1$$

gefordert. Ist x^* der berechnete Minimierer für dieses Problem, so stellt $(f_1(x^*), \ldots, f_N(x^*))$ einen Punkt auf der Pareto-Front dar [14]. Sei zur Veranschaulichung $N = 2$ und $\alpha_2 \neq 0$. Dann ist

$$\begin{aligned} & R(x) = \alpha_1 f_1(x) + \alpha_2 f_2(x) \\ \Leftrightarrow \quad & f_2(x) = \frac{R(x) - \alpha_1 f_1(x)}{\alpha_2}. \end{aligned}$$

Das beschreibt für jeden Wert von R eine Gerade $s : \mathbb{R} \to \mathbb{R}, f_1(x) \mapsto f_2(x)$ mit Steigung $-\frac{\alpha_1}{\alpha_2}$ im Bildraum der Zielfunktion F. In Abbildung 3.2 ist diese als orange gestrichelte Linien dargestellt. Wird R minimiert, „wandert" die Gerade s in Richtung des Ursprungs, in Abbildung 3.2 in Richtung des blauen Pfeils. Ein Minimum von R unter allen Nebenbedingungen wird genau dann gefunden, wenn s eine Tangente an der Pareto-Front bildet. Mit verschiedenen Wahlen für α_1 und α_2 wird die Steigung der Geraden s verändert. So können verschiedene Punkte auf der Pareto-Front berechnet werden.

Dieses Verfahren liefert allerdings nur Punkte, die auf einem konvexen Teil der Pareto-Front liegen [34]. In Abbildung 3.2 werden p_1 und p_2 gefunden, p_3 aber nicht, da dieser nicht auf einer Tangente an $\mathcal{P}$ liegt. Unter Umständen ist das Verfahren der gewichteten Summe damit ungeeignet, um eine gute Approximation der Pareto-Front zu erhalten.

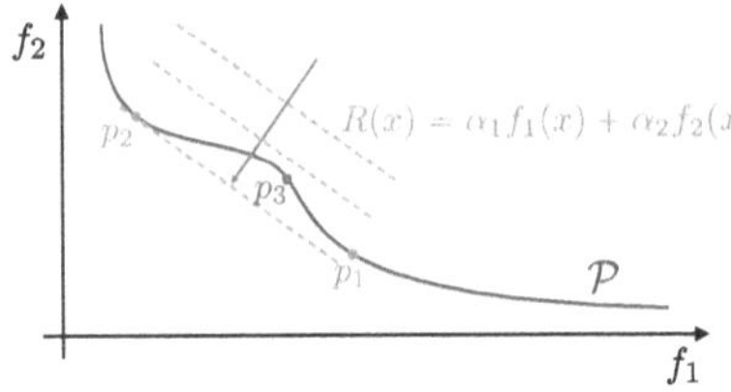

Abbildung 3.2 Verfahren der gewichteten Summe

Außerdem ist unklar, wie die Gewichte gewählt werden müssen, um eine möglichst gleichmäßige Approximation zu erlangen. Eine einfache Wahl sind äquidistant verteilte baryzentrische Koordinaten, also Punkte auf dem Hyperebenenabschnitt

$$\mathcal{H}_N = \left\{ \alpha \in \mathbb{R}^N_+ \, : \, \|\alpha\|_1 = 1 \right\}. \tag{3.13}$$

Das gewährleistet jedoch im Allgemeinen nicht den Erhalt äquidistanter Punkte auf der Pareto-Front.

3.4.2 Das Verfahren der adaptiven gewichteten Summe

Dieses Verfahren, kurz AWS (engl.: *Adaptive Weighted Sum*) genannt, stellt eine Erweiterung des Verfahrens der gewichteten Summe dar. Es wurde 2005 von Kim und Weck für bi-objektive Probleme ((MOP) mit $N = 2$) vorgestellt und 2006 auf allgemeine multikriterielle Probleme erweitert [20, 21]. Insbesondere soll mit diesem Verfahren eine gleichmäßigere Approximation der Pareto-Front erreicht werden. Zugleich sollen auch Punkte in nicht-konvexen Teilen gefunden werden. Im Folgenden wird das bi-objektive Verfahren vorgestellt, es soll also eine Pareto-Front für (MOP) mit $N = 2$ generiert werden.

Zur Veranschaulichung der Idee dient Abbildung 3.3. Hier werden mit dem Verfahrens der gewichteten Summe die Punkte p_1 und p_2 auf der Pareto-Front gefunden.

Um einen weiteren Punkt zwischen diesen zu erhalten, werden dem Optimierungsproblem im AWS-Verfahren zwei weitere Nebenbedingungen hinzugefügt, die den Wert von f_1 bzw. f_2 beschränken. Der Zulässigkeitsbereich befindet sich dann unterhalb der horizontalen und links der vertikalen orangen gestrichelten Linie. Die Lösung dieses modifizierten Problems liegt folglich auf dem konkaven Teil der Pareto-Front.

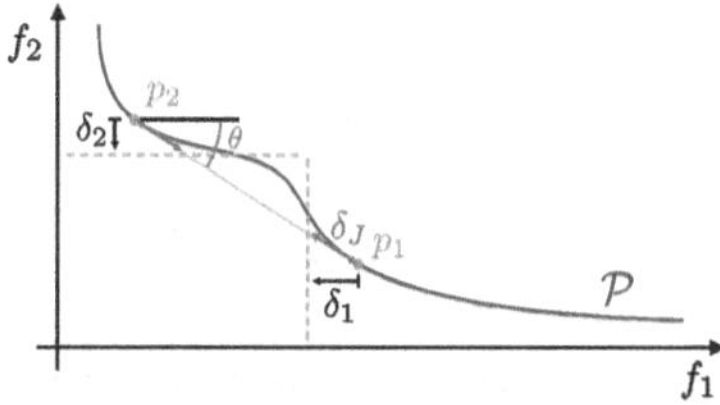

Abbildung 3.3 Verfahren der adaptiven gewichteten Summe

Im Detail wird im ersten Schritt die Zielfunktion normalisiert mit

$$\bar{f}_i := \frac{f_i - f_i^*}{f_i^N - f_i^*}$$

für $i = 1, 2$. Dabei ist f_i^* die i-te Komponente des Schattenminimums F^* und f_i^N die i-te Komponente des **Nadir-Punktes**, definiert als

$$f_i^N := \max\left(f_i(x_1^*), f_i(x_2^*)\right), \qquad i = 1, 2. \tag{3.14}$$

Hier ist x_i^* der Minimierer des individuellen Minimums der i-ten Komponente von F aus Definition 3.9.

Nun soll zunächst eine grobe Approximation der Pareto-Front berechnet werden, indem das herkömmliche Verfahren der gewichteten Summe angewendet wird. Dazu wird die Anzahl der zu berechnenden Punkte $n_{\text{init}} \in \mathbb{N}$ festgelegt und es werden äquidistant verteilte Gewichte auf dem Hyperebenenabschnitt $\mathcal{H}_2$ aus (3.13) gewählt, was einen Abstand der aufeinanderfolgenden Gewichtskomponenten von $\Delta\alpha = \frac{1}{n_{\text{init}}-1}$ zufolge hat. Es wird also (3.4.1) für alle baryzentrischen Koordinaten

$$\alpha \in \left\{ \begin{pmatrix} 0 \\ 1 \end{pmatrix}, \begin{pmatrix} \Delta\alpha \\ 1 - \Delta\alpha \end{pmatrix}, \ldots, \begin{pmatrix} 1 - \Delta\alpha \\ \Delta\alpha \end{pmatrix}, \begin{pmatrix} 1 \\ 0 \end{pmatrix} \right\} \subset [0, 1]^2 \tag{3.15}$$

gelöst. Anschließend werden die euklidischen Distanzen der benachbarten Lösungen berechnet. Anhand einer festgelegten Schranke $\varepsilon \in \mathbb{R}_+$ werden von allen Lösungen, die einen Abstand kleiner ε zueinander haben, alle bis auf eine verworfen. Zwischen den Lösungen sind jetzt eventuell große Lücken, in denen nun weitere Lösungen zur Verbesserung der Approximation berechnet werden sollen, vergleiche Lücke zwischen p_1 und p_2 in Abbildung 3.3. Dabei wird für jede Lücke i die Anzahl der hier zu berechnenden Lösungen festgelegt als

$$n_i = \text{round}\left(C \frac{l_i}{l_{\text{avg}}}\right).$$

Hier ist l_i der Abstand der beiden Lösungen, die die Lücke einschließen, l_{avg} der durchschnittliche Abstand zweier benachbarter Lösungen und C eine Konstante. Je größer also eine Lücke, desto mehr Lösungen sollen an dieser Stelle berechnet werden, wobei für $n_i \leqslant 1$ keine weiteren Lösungen berechnet werden.

Im nächsten Schritt werden δ_1 und δ_2, zu sehen in Abbildung 3.3, berechnet. Dazu wird der Steigungswinkel einer Tangente an p_1 und p_2 berechnet mit

$$\theta = \tan^{-1}\left(-\frac{p_1^2 - p_2^2}{p_1^1 - p_2^1}\right)$$

Es ist dabei p_i^j die j-te Komponente des Punktes p_i. Nun ergeben sich der Versatz der Grenzen zu

$$\delta_1 = \delta_J \cos(\theta), \quad \delta_2 = \delta_J \sin(\theta).$$

Diese Art der Berechnung kompensiert den Winkel, sodass der neue Zulässigkeitsbereich, in dem ein weiterer Pareto-Punkt gesucht wird, mittig zwischen p_1 und p_2 liegt. Der Parameter δ_J wird zuvor festgelegt und steuert die finale Dichte der Approximation.

Jetzt kann für jede Lücke das modifizierte Optimierungsproblem aufgestellt werden.

$$\begin{aligned}
\min_{x \in \mathbb{X}} \quad & \alpha_1 \bar{f}_1(x) + \alpha_2 \bar{f}_2(x) \\
\text{unter} \quad & g(x) = 0 \\
& h(x) \leqslant 0 \\
& \bar{f}_1(x) \leqslant p_1^1 - \delta_1 \\
& \bar{f}_2(x) \leqslant p_2^2 - \delta_2.
\end{aligned} \tag{3.16}$$

Dieses Problem wird für jede Lücke i jeweils n_i mal gelöst, wobei die Gewichte α entsprechend äquidistant gewählt werden, wie es (3.15) gezeigt wird. Die Prozedur wird nun wiederholt, bis jede Lücke kleiner als eine vorgegebene Schranke ist und die Approximation der Pareto-Front damit die gewünschte Dichte aufweist. Algorithmus 3 zeigt das Verfahren in kompakter Form.

Algorithmus 3: Adaptive gewichtete Summe (AWS)

1 Wähle $\varepsilon, C \in \mathbb{R}_+$ und $n_{\text{init}} \in \mathbb{N}$.
2 Berechne das Schattenminimum F^* und den Nadir-Punkt F^N.
3 Normalisiere die Zielfunktion mit $\bar{f}_i := \frac{f_i - f_i^*}{f_i^N - f_i^*}$ für $i = 1, 2$.
4 Führe das Verfahren der gewichteten Summe mit n_{init} Punkten durch.
5 Verwerfe von allen Lösungen, die einen Abstand $< \varepsilon$ zueinander haben, alle bis auf eine.
6 Berechne $n_i = \text{round}\left(C \frac{l_i}{l_{\text{avg}}}\right)$ für jede Lücke i.
7 **für alle** *Lücken mit* $n_i > 1$ **tue**
8 | Berechne δ_1 und δ_2.
9 | Wähle n_i äquidistante Gewichtsvektoren α.
10 | Löse das modifizierte Optimierungsproblem (3.16).
11 **Ende**
12 **wenn** *Gewünschte Approximationsdichte erreicht* **dann**
13 | Stopp.
14 **sonst**
15 | Gehe zu Schritt 5.
16 **Ende**

3.4.3 Das Verfahren der Normal-Boundary Intersection

Einen anderen, nicht auf einer gewichteten Summe basierenden Ansatz verfolgt das NBI-Verfahren (engl.: *Normal-Boudary Intersection*). Im Jahr 1998 von Das und Dennis vorgestellt [7], soll dieses Verfahren insbesondere von nicht-konvexen Pareto-Fronten Approximationen mit äquidistanten Punkten finden. Im Folgenden werden die theoretischen Grundlagen des NBI-Verfahrens vorgestellt.

Dafür werden zwei wichtige Bestandteile definiert – zunächst die sogenannte Pay-off-Matrix.

Definition 3.11 (Pay-off-Matrix). Sei $x_i^* \in \mathbb{R}^n$ der Minimierer für f_i und $F_i^* = F(x_i^*) \in \mathbb{R}^N$ für $i = 1, \ldots, N$, dann ist

$$\Psi := \left(F_1^*, \ldots, F_N^*\right) \in \mathbb{R}^{N \times N}$$

die Pay-off-Matrix.

Diese Matrix zeigt, wie es der Name verrät, den „Preis“ an, der für das Minimieren der einzelnen Komponenten der Zielfunktion „gezahlt“ wird. Die Diagonale entspricht dem Schattenminimum F^*. Die restlichen Einträge in einer Zeile i zeigen die Werte der Zielfunktionskomponente f_i, wenn andere Komponenten minimiert werden. Bei kontradiktorischen Komponenten, wie es im Allgemeinen anzunehmen ist, gilt

$$\Psi_{i,i} < \Psi_{i,j} \qquad \forall i, j = 1, \ldots, N, \; i \neq j.$$

Die Differenz $\Psi_{i,j} - \Psi_{i,i}$ kann jeweils als „gezahlter Preis“ interpretiert werden.

Als Zweites wird die konvexe Hülle individueller Minima definiert.

Definition 3.12 (Konvexe Hülle individueller Minima (CHIM)). Sei $\Psi \in \mathbb{R}^{N \times N}$ die Pay-off-Matrix aus Definition 3.11, dann ist

$$\text{CHIM} := \left\{ \Psi\alpha : \alpha \in \mathbb{R}^N, \; \sum_{i=1}^{N} \alpha_i = 1, \; \alpha_i \geqslant 0 \right\}$$

die konvexe Hülle individueller Minima.

Die Bezeichnung CHIM wurde von Das und Dennis übernommen und ist eine Abkürzung der dort verwendeten englischen Bezeichnung *convex hull of individual minima*. Für $N = 2$ ist die CHIM in Abbildung 3.4 eingezeichnet, anhand derer sich das Verfahren gut erklären lässt.

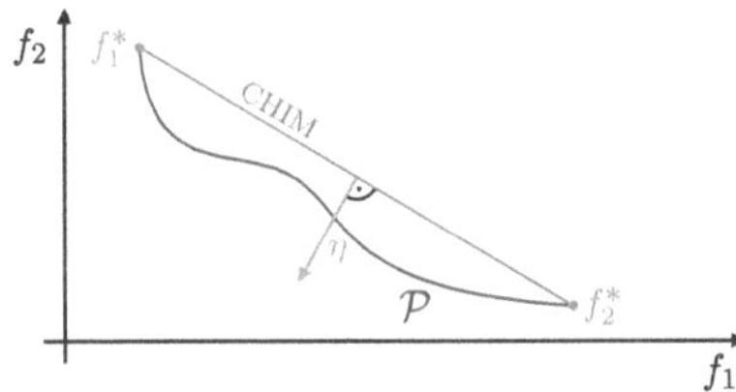

Abbildung 3.4 Verfahren der Normal-Boundary Intersection

Zunächst werden die individuellen Minima berechnet, hier f_1^* und f_2^*. Zwischen diesen spannt sich die CHIM auf. Dann werden mehrere äquidistante Punkte auf der CHIM gewählt. Das geschieht mithilfe baryzentrischer Koordinaten $\alpha \in \mathcal{H}_N$, wie sie auch für das AWS-Verfahren als Gewichte verwendet werden und in (3.15) für $N = 2$ angegeben sind. Ein solcher Punkt auf der CHIM lässt sich schreiben als $\Psi\alpha$. An jedem dieser Punkte wird eine Normale $\eta \in \mathbb{R}^N$ senkrecht zur CHIM angelegt. Entlang η wird dann in Richtung des Schattenminimums nach einem Punkt gesucht, der in der Bildmenge von F und in dem durch g und h definierten Zulässigkeitsbereich liegt. Dieses Vorgehen entspricht dem Lösen des Optimierungsproblems

$$\begin{aligned} \max_{x,\xi} \quad & \xi \\ \text{unter} \quad & \Psi\alpha + \xi\eta = F(x) \\ & g(x) = 0 \\ & h(x) \leqslant 0. \end{aligned} \tag{NBI$_\alpha$}$$

Die Zielfunktion F aus (MOP) wird hier in die Nebenbedingungen aufgenommen und stattdessen ein $\xi \in \mathbb{R}$ maximiert. Der zu findende Punkt ist $\Psi\alpha + \xi\eta$ und liegt bei Maximierung von ξ möglichst weit weg von der CHIM. Mit der zusätzlichen Nebenbedingung

$$\Psi\alpha + \xi\eta = F(x)$$

wird sichergestellt, dass der zu findende Punkt innerhalb der Bildmenge von F liegt. Die optimale Lösung ist der Schnittpunkt von η und der Pareto-Front $\mathcal{P}$. Eine Lösung des Problems für alle zuvor gewählten α liefert so eine relativ zur CHIM äquidistante Approximation der Pareto-Front. Dieses Verfahren ist in Algorithmus 4 kompakt zusammengefasst.

Zu beachten ist hier, dass für η die sogenannte *quasi-Normale* verwendet wird. Diese ergibt sich zu

$$\eta := -\Psi e \qquad \text{mit } e = \begin{pmatrix} 1 \\ \vdots \\ 1 \end{pmatrix} \in \mathbb{R}^N.$$

Damit ist sichergestellt, dass das Problem unabhängig von der Skalierung der einzelnen Kriterien ist. Ein Beweis dafür findet sich in der Publikation von Das und Dennis [7].

Algorithmus 4: Normal-Boundary Intersection (NBI)

Berechne individuelle Minima f_i^*.
Erzeuge Ψ.
solange Ψ *negative Einträge hat* **tue**
  Berechne individuelle Minima f_i^* neu.
  Erzeuge Ψ.
Ende
Setze $F(x) \leftarrow F(x) - F^*$.
Setze $\eta := -\Psi e$.
Setze $x^0 := x_1^*$ und $\xi^0 := 0$.
Generiere baryzentrische Koordinaten $\alpha \in \mathcal{H}_N$.
für alle α **tue**
  Berechne Lösung (x_α^*, ξ^*) von NBI_α mit Startwert (x^0, ξ^0):

$$\begin{aligned} \max_{x,\xi} \quad & \xi \\ \text{unter} \quad & \Psi\alpha + \xi\eta = F(x) \\ & g(x) = 0 \\ & h(x) \leqslant 0. \end{aligned}$$

  Setze $x^0 = x_\alpha^*$ und $\xi^0 = \xi^*$.
  Berechne Pareto-Punkt $F(x_\alpha^*) + F^*$.
Ende

Sowohl das NBI-Verfahren als auch das AWS-Verfahren können für $N = 2$ und $N = 3$ gute Ergebnisse liefern. Für höher-dimensionale Probleme wächst die Zahl der zu lösenden Probleme allerdings exponentiell an, was auch den Rechenaufwand entsprechend in die Höhe treibt. Das ist jedoch schlicht der Natur der Mehrdimensionalität geschuldet. Abhilfe kann die Parallelisierung der Unterprobleme schaffen. Für das AWS-Verfahren in der hier gezeigten Form können alle modifizierten Optimierungsprobleme parallel gelöst werden, da diese nicht voneinander anhängig sind.

Das NBI-Verfahren benötigt jeweils die vorherige Lösung als Startwert für die nächste Optimierung. Jedoch gibt es für $N \geqslant 3$ jeweils mehrere α, die nahe beieinanderliegen und so auch mehrere Lösungen, die als Startschätzung dienen können. Wird die Reihenfolge gut gewählt, können so mehr und mehr Unterprobleme gleichzeitig gelöst werden.

Optimalsteuerung

4

Aufbauend auf die zuvor betrachtete Optimierung, soll nun die optimale Steuerung eingeführt werden. Hier werden Systeme betrachtet, die eine Steuerung als Eingabe akzeptieren und einen davon abhängigen Zustand annehmen – sogenannte Steuerungsprozesse. Die Systeme entspringen häufig physikalischen Beobachtungen und sind damit in der Regel zeitabhängig.

4.1 Kontinuierliche Optimalsteuerung

Die in diesem Abschnitt verwendete Notation richtet sich in Teilen nach dem Benutzerhandbuch von TRANSWORHP [5]. Ein zu steuerndes System soll hier grundlegend als zeitabhängig aufgefasst werden und kann daher als Differenzialgleichungssystem der Form

$$\dot{x}(t) = \omega(x(t), u(t), p, t), \qquad t \in [0, T] \tag{4.1}$$

mit $\omega : \mathbb{R}^n \times \mathbb{R}^r \times \mathbb{R}^k \times [0, T] \to \mathbb{R}^n$ stetig differenzierbar bezüglich x, u und p erfasst werden. Den Zustand des Systems beschreibt dabei $x : [0, T] \to \mathbb{R}^n$, stückweise stetig differenzierbar, wobei $x(t) = \big(x_1(t), \ldots, x_n(t)\big)^\top \in \mathbb{R}^n$ als Zustandsvektor bezeichnet wird. Analog ist die Steuerung durch $u : [0, T] \to \mathbb{R}^r$, stückweise stetig, gegeben und $u(t) = \big(u_1(t), \ldots, u_r(t)\big)^\top \in \mathbb{R}^r$ ist der Steuervektor. Zusätzliche Parameter werden in $p \in \mathbb{R}^k$ zusammengefasst. Das Intervall $[0, T] \subset \mathbb{R}$ mit $T \in \mathbb{R}_+$ ist der Zeitraum, in dem das System untersucht wird. Der Startzeitpunkt wird somit oBdA als $t = 0$ angenommen. Das Differenzialgleichungssystem (4.1) definiert die Dynamik des Systems, also wie es sich mit der Zeit abhängig vom eigenen Zustand und der angewandten Steuerung verändert.

M. Walther, *Multikriterielle Optimalsteuerung am Beispiel des nicht-planaren 3D-Drucks*, BestMasters,
https://doi.org/10.1007/978-3-658-50408-3_4

Um mit diesem System ein Optimalsteuerungsproblem formulieren zu können, wird mit

$$F(x, u, p, T) := \Omega(x(T), p) + \int_0^T \omega_0(x(t), u(t), p, t)\,\mathrm{d}t$$

eine Zielfunktion definiert. Diese entspricht der *Bolza-Form* [27] und wird häufig auch *Gütefunktional* genannt. Dabei seien $\Omega : \mathbb{R}^n \times \mathbb{R}^k \to \mathbb{R}$ und $\omega_0 : \mathbb{R}^n \times \mathbb{R}^r \times \mathbb{R}^k \times [0, T] \to \mathbb{R}$ stetig differenzierbar bezüglich aller Argumente. Da die Argumente von F Funktionen enthalten, bildet F tatsächlich ein Funktional und könnte daher auch als Zielfunktional bezeichnet werden. In dieser Arbeit wird aber der Begriff Zielfunktion beibehalten. Alternativ kann die Zielfunktion in die *Mayer-Form* überführt werden. Dazu wird ein weiterer Zustand x_{n+1} eingebracht, für den

$$\dot{x}_{n+1}(t) = \omega_0(x(t), u(t), p, t) \quad \text{und} \quad x_{n+1}(0) = 0$$

gilt. So ergibt sich

$$F(x, u, p, T) = \Omega(x(T), p) + x_{n+1}(T).$$

Dem Optimierungsproblem werden auch wieder Nebenbedingungen beigefügt. Hier wird unterschieden zwischen Randbedingungen und Steuer- bzw. Zustandsbeschränkungen. Randbedingungen fordern bestimmte Werte für einzelne Komponenten des Zustandsvektors zu den Zeitpunkten 0 und T, also am Anfang und am Ende. Ausgedrückt wird dies mit der stetig differenzierbaren Funktion $g : \mathbb{R}^n \times \mathbb{R}^n \times \mathbb{R}^k \to \mathbb{R}^m$, wobei $m \leqslant 2n + k$:

$$g(x(0), x(T), p) = 0.$$

Mit Steuer- bzw. Zustandsbeschränkungen können weitere zeitunabhängige Forderungen an die Steuerung und den Zustand gestellt werden. Häufig wird damit gewährleistet, dass einzelne Komponenten einen physikalisch möglichen Wertebereich nicht verlassen. Dazu gelte für hinreichend oft stetig differenzierbares $h : \mathbb{R}^n \times \mathbb{R}^r \times \mathbb{R}^k \to \mathbb{R}^q$ mit $q \in \mathbb{N}$:

$$h(x(t), u(t), p) \leqslant 0, \qquad \forall t \in [0, T].$$

Aus diesen Teilen kann nun das Optimalsteuerungsproblem aufgestellt werden.

$$\begin{aligned}
\min_{x,u,p,T} \quad & F(x,u,p,T) = \Omega(x(T),p) + \int_0^T \omega_0(x(t),u(t),p,t)\,\mathrm{d}t \\
\text{unter} \quad & \dot{x}(t) = \omega(x(t),u(t),p,t) \qquad \forall t \in [0,T] \\
& g(x(0),x(T),p) = 0 \\
& h(x(t),u(t),p) \leqslant 0 \qquad \forall t \in [0,T].
\end{aligned} \tag{4.2}$$

Zu beachten ist, dass hier die Endzeit T als Optimierungsvariable aufgefasst wird. Es wird somit von einem Problem mit *freier Endzeit* gesprochen. Genauso könnte T auch auf einen festen Wert gesetzt werden. Das wird dann als ein Problem mit *fester Endzeit* bezeichnet.

Probleme mit freier Endzeit sind in dieser Form numerisch schwierig in den Griff zu bekommen. Wie im folgenden Abschnitt 4.2 zu sehen, wird über die Zeit diskretisiert. Mit einer freien Endzeit müsste diese Diskretisierung ständig geändert werden. Um ein solches Problem dennoch behandeln zu können, wird dieses durch die Einführung eines weiteren Parameters p_0 in ein Problem mit fester Endzeit transformiert. Indem das Differenzialgleichungssystem mit p_0 skaliert wird, kann die physikalische Zeit von der „systemischen Zeit" entkoppelt werden. Die systemische Endzeit kann so oBdA auf $T = 1$ festgelegt werden. Die physikalische Endzeit ist dann p_0. Es ergibt sich folgendes Optimalsteuerungsproblem.

$$\begin{aligned}
\min_{x,u,p} \quad & F(x,u,p) = \Omega(x(1),p) + \int_0^1 \omega_0(x(t),u(t),p,t)\,\mathrm{d}t \\
\text{unter} \quad & \dot{x}(t) = \omega(x(t),u(t),p,t) \cdot p_0 \qquad \forall t \in [0,1] \\
& g(x(0),x(1),p) = 0 \\
& h(x(t),u(t),p) \leqslant 0 \qquad \forall t \in [0,1].
\end{aligned} \tag{4.3}$$

In einer praktischen Umsetzung kann p_0 wie die anderen Parameter p behandelt werden und diesen hinzugefügt werden:

$$p := \left(p_0, p_1, \ldots, p_k\right).$$

4.2 Numerische Optimalsteuerung

Sollen Optimalsteuerungsprobleme numerisch gelöst werden, gibt es im Allgemeinen zwei Klassen von Verfahren, *indirekte* und *direkte* Verfahren. Bei indirekten Verfahren wird in der Regel erst optimiert und dann diskretisiert, bei direkten Verfahren verhält es sich genau umgekehrt [27]. Allerdings lässt sich diese Klassifizierung nicht immer anwenden. So gibt es Verfahren, die keiner Klasse eindeutig zuzuordnen sind [2]. In diesem Abschnitt wird sich darauf beschränkt, eine Übersicht über die Arbeitsweise eines direkten Verfahrens zu geben.

Zunächst wird die Zeitachse diskretisiert. Dazu seien für $M \in \mathbb{N}$ die Stützstellen

$$0 = t_1 < t_2 < \cdots < t_{M-1} < t_M = T$$

definiert. Diese müssen nicht notwendigerweise äquidistant sein. Die Schrittweite, also Differenz zwischen zwei benachbarten Stützstellen sei stets als $\tau_i := t_{i+1} - t_i$ für $i = 1, \ldots, M - 1$ notiert. Außerdem seien mit

$$u^i \approx u(t_i) \quad \text{und} \quad x^i \approx x(t_i)$$

Näherungen der Steuerung bzw. des Zustands an den Stützstellen bezeichnet. Zur Approximation des Integrals in der Zielfunktion aus (4.2) kann beispielsweise das explizite Euler-Verfahren verwendet werden. Damit ist

$$\int_{t_i}^{t_{i+1}} \omega_0(x(t), u(t), p, t)\,\mathrm{d}t \approx \tau_i \omega_0(x^i, u^i, p, t_i),$$

womit sich für das ganze Integral

$$\int_0^T \omega(x(t), u(t), p, t)\,\mathrm{d}t \approx \sum_{i=1}^{M-1} \tau_i \omega_0(x^i, u^i, p, t_i)$$

ergibt. Auf das Differenzialgleichungssystem aus (4.2) kann ebenfalls das Euler-Verfahren zur Näherung angewendet werden. Das ergibt die Iterationsvorschrift

$$x^{i+1} = x^i + \tau_i \omega(x^i, u^i, p, t_i)$$

für $i = 1, \ldots, M - 1$. Insgesamt wird so das Problem (4.2) zu

$$\begin{aligned}
\min_{x,u,p,T} \quad & F(x,u,p,T) = \Omega(x^M, p) + \sum_{i=1}^{M-1} \tau_i \omega_0(x^i, u^i, p, t_i) \\
\text{unter} \quad & x^{i+1} = x^i + \tau_i \omega(x^i, u^i, p, t_i) && \forall i = 1, \ldots, M-1 \\
& g(x^1, x^M, p) = 0 \\
& h(x^i, u^i, p) \leqslant 0 && \forall i = 1, \ldots, M-1.
\end{aligned}$$

Zur Steigerung der Genauigkeit können ebenso Runge-Kutta-Verfahren höherer Ordnung genutzt werden. Auch implizite Verfahren stellen keinen großen Mehraufwand dar, da zur Optimierung bereits Gleichungssysteme gelöst werden müssen [5]. Es ist zum Beispiel mit der später verwendeten Software TRANSWORHP möglich, das Trapez-Verfahren oder das Hermite-Simpson-Verfahren zu verwenden. Allerdings erfordert letzteres zusätzliche Funktionsauswertungen zwischen den Stützstellen, weshalb die entsprechenden Funktionen vorab interpoliert werden müssen.

5 Anwendung

Die Theorien der Multikriteriellen Optimierung und Optimalsteuerung soll nun in die Praxis überführt werden. Es wird die Aufgabe des nicht-planaren 3D-Druckens mathematisch als multikriterielles Optimalsteuerungsproblem formuliert und anschließend exemplarisch mit numerischen Methoden gelöst. Dazu muss zunächst ein Modell des Druckers in Form von Differenzialgleichungen aufgestellt werden, welches die physikalischen Eigenschaften des Druckers abbildet. Ebenso werden technische Grenzen der Maschine und gewünschte Anforderungen an das Resultat in Nebenbedingungen übersetzt.

5.1 Modellierung eines 3D-Druckers

Es wird nun ein mathematisches Modell des Druckers aufgestellt. Der Druckkopf eines FDM-Druckers, wie er in Unterabschnitt 2.1.5 beschrieben ist und hier angenommen wird, kann sich in Relation zur Druckplattform in drei Dimensionen bewegen. Zur Vereinfachung wird im Folgenden eine Dimension vernachlässigt und die Bewegungsfreiheit des Druckkopfes auf zwei Richtungen beschränkt. Die Einbeziehung der dritten Dimension führt zu einem weitaus komplexeren Optimalsteuerungsproblem (siehe Abschnitt 6.9).

Es handelt sich hierbei, wie es für Optimalsteuerungsprobleme üblich ist, um ein zeitabhängiges System. Die Zeit sei dabei beschränkt auf das Intervall $[0, T]$ mit der Endzeit $T \in \mathbb{R}_+$.

Wie in Abbildung 5.1 zu sehen ist, kann sich der Druckkopf parallel zur Druckplattform in y-Richtung und senkrecht zur Druckplattform in z-Richtung bewegen. Der Druckkopf wird über eine Mechanik von Motoren angetrieben. Diese können ein Drehmoment auf eine Antriebswelle ausüben und damit eine Kraft auf den

M. Walther, *Multikriterielle Optimalsteuerung am Beispiel des nicht-planaren 3D-Drucks*, BestMasters,
https://doi.org/10.1007/978-3-658-50408-3_5

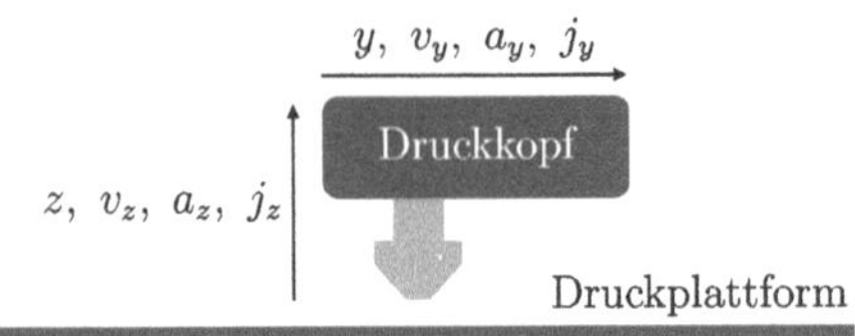

Abbildung 5.1 Bewegungsrichtungen des Druckkopfes

Druckkopf übertragen. Abhängig von der zu bewegenden Masse resultiert das nach dem zweiten Newtonschen Gesetz $F = m \cdot a$ in eine Beschleunigung a. Aus dieser geht durch Integration eine Geschwindigkeit v hervor, welche der zeitlichen Ableitung der Position entspricht. Zusammengefasst ergeben sich folgende Bewegungsgleichungen als Differenzialgleichungssystem:

$$\begin{aligned} \dot{z} &= v_z \\ \dot{v}_z &= a_z \\ \dot{a}_z &= j_z \\ \dot{y} &= v_y \\ \dot{v}_y &= a_y \\ \dot{a}_y &= j_y. \end{aligned} \tag{5.1}$$

Hier bezeichnet j den Ruck in die entsprechende Richtung. Dieser wird später als Steuergröße verwendet.

Der Druckkopf kann sich nur innerhalb des Druckraumes bewegen. Dazu werden die Grenzen $y_{\min}$ und $y_{\max}$ für die horizontale y-Richtung und $z_{\min}$ und $z_{\max}$ für die vertikale z-Richtung gesetzt. Sofern nicht anders angegeben wird $y_{\min} = z_{\min} = 0$ angenommen.

Das Ziel des hier entwickelten Verfahrens ist es, glatte Oberflächen mit geringer Steigung möglichst gut zu drucken. Das motiviert die Annahme, dass die Oberfläche als stetig differenzierbare Funktion dargestellt werden kann – aufgrund der Beschränkung auf zwei Dimensionen sogar als skalare Funktion. Es sei die zu druckende Oberfläche also gegeben als stetig differenzierbare Funktion

$$S(y) : [y_{\min}, y_{\max}] \to [z_{\min}, z_{\max}], \tag{5.2}$$

die jedem horizontalen y-Wert eine Höhe $S(y)$ in z-Richtung zuweist. Im Allgemeinen ist anzunehmen, dass das Objekt mit der Oberfläche S nicht mit einer einzigen Schicht gedruckt werden kann, sondern aus mehreren übereinanderliegenden Schichten von unten nach oben aufgebaut werden muss. Dies ist bei allen 3D-Druckverfahren der Fall (siehe Kapitel 2). Eine jede Schicht L kann auf gleiche Weise wie die Oberfläche dargestellt werden:

$$L(y) : [y_{\min}, y_{\max}] \to [z_{\min}, z_{\max}].$$

Unter Berücksichtigung der Bewegungsgleichungen ergibt sich die Schicht für jeden Zeitpunkt t aus der Abbildung

$$y(t) \mapsto z(t).$$

5.2 Formulierung des Optimalsteuerungsproblems

Das Optimalsteuerungsproblem wird für eine einzelne zu druckende Schicht aufgestellt und bekommt jeweils die vorherige Schicht als Eingabe. So kann es später wieder und wieder gelöst werden, bis alle nötigen Schichten berechnet sind.

5.2.1 Zustand und Steuerung

Ein wichtiges Element ist der Zustandsvektor. Hier wird die linke Seite des Differenzialgleichungssystems (5.1) übernommen und im Vektor x zusammengefasst.

$$x = \begin{pmatrix} x_1 \\ x_2 \\ x_3 \\ x_4 \\ x_5 \\ x_6 \end{pmatrix} \equiv \begin{pmatrix} z \\ v_z \\ a_z \\ y \\ v_y \\ a_y \end{pmatrix} \begin{array}{l} z\text{-Position} \\ z\text{-Geschwindigkeit} \\ z\text{-Beschleunigung} \\ y\text{-Position} \\ y\text{-Geschwindigkeit} \\ y\text{-Beschleunigung.} \end{array} \tag{5.3}$$

Im Folgenden wird der gesamte Vektor stets mit x notiert und die einzelnen Komponenten mit ihrer physikalisch üblichen Abkürzung wie im Differenzialgleichungssystem (5.1).

Die Steuerung besteht für dieses Problem aus dem Ruck in y-Richtung j_y und dem Ruck in z-Richtung j_z. Diese unabhängigen Variablen werden zum Steuervektor u zusammengefasst:

$$u = \begin{pmatrix} u_1 \\ u_2 \end{pmatrix} \equiv \begin{pmatrix} j_z \\ j_y \end{pmatrix} \quad \begin{matrix} z\text{-Ruck} \\ y\text{-Ruck.} \end{matrix}$$

5.2.2 Komponenten der Zielfunktion

Das zentrale Element bildet die Zielfunktion. Diese wird im Folgenden in mehreren Teilen definiert. Unter der Betrachtung als multikriterielles Optimierungsproblem stellt jeder Teil eine Komponente einer mehrdimensionalen Zielfunktion bzw. ein Kriterium dar.

Wie in Abschnitt 5.1 definiert, ist S die Oberfläche und L die aktuell zu druckende Schicht. Mit jeder Schicht sollte das Objekt so weiter aufgebaut werden, dass der Oberfläche möglichst nahegekommen wird. Also wird ein Maß benötigt, das angibt, wie dicht L an S liegt. Sei daher

$$f_1(x) := \int_{y_{\min}}^{y_{\max}} \left(S(y) - L(y)\right)^2 \mathrm{d}y. \tag{5.4}$$

Aufzufassen ist das als kumulativer quadratischer Abstand der aktuellen Schicht zur Oberfläche. Zu beachten ist, dass f_1 von x abhängt, da y und z Teile des Zustandsvektors x sind (siehe (5.3)). Eine Minimierung dieser Funktion hat zur Folge, dass die Schicht der Oberfläche näher kommt. Bei $L = S$ wäre $f_1 = 0$. In den folgenden Abbildungen wird dieses Kriterium *Distanz* genannt.

Das Minimieren dieser Funktion reicht jedoch nicht aus, um sich der gewünschten Oberfläche im Verlauf mehrerer Schichten gut anzunähern. Es ginge ohne Weiteres jegliche Information über die Form der Oberfläche verloren. So haben die zwei Schichten L_1 und L_2 in Abbildung 5.2 den gleichen kumulativen quadratischen Abstand zur Oberfläche S, jedoch ist L_2 eventuell besser geeignet, da alle weiteren Schichten zu dieser parallel aufgebaut werden können.

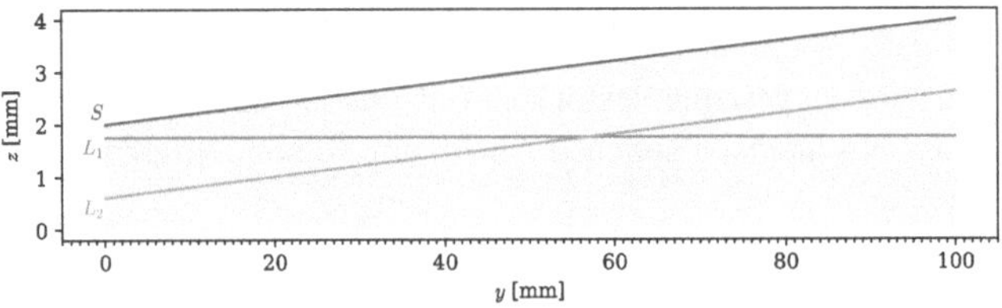

Abbildung 5.2 Zwei Schichten L_1 und L_2 haben den gleichen kumulativen quadratischen Abstand zur Oberfläche S

Um eine solche Anpassung der Form zu erreichen, wird als zweites Kriterium die Differenz der räumlichen Gradienten von Schicht und Oberfläche eingebracht. Sei also

$$f_2(x) := \int_{y_{\min}}^{y_{\max}} \left(\frac{\mathrm{d}}{\mathrm{d}y} S(y) - \frac{\mathrm{d}}{\mathrm{d}y} L(y) \right)^2 \mathrm{d}y. \tag{5.5}$$

Wird diese kumulative quadratische Differenz der räumlichen Gradienten minimiert, so folgt die Form der Schicht L zunehmend der Form der Oberfläche S. Dies ist unabhängig von der absoluten Höhe der Schicht oder Oberfläche. In Abbildung 5.2 sind L_2 und S parallel zueinander, also wäre hierfür $f_2 = 0$. Dieses Kriterium wird in den folgenden Abbildungen *Differenz Gradient* genannt.

Ein weiteres Kriterium, das für eine Angleichung der Form sorgen soll, ist die Differenz des minimalen und maximalen quadratischen Abstands der Schicht zur Oberfläche, gegeben durch

$$\tilde{f}_3(x) := \max_y \left(S(y) - L(y)\right)^2 - \min_y \left(S(y) - L(y)\right)^2.$$

In dieser Formulierung ist die Funktion allerdings nicht stetig bezüglich x, weswegen sie ungeeignet als Zielfunktion ist. Abhilfe schafft eine alternative Formulierung über Parameter und Nebenbedingungen [33]. Sei der quadratische Abstand der Schicht zur Oberfläche zu jedem Zeitpunkt $t \in [0, T]$ gegeben als

$$D(t) := \left(S(y(t)) - L(y(t))\right)^2. \tag{5.6}$$

Jetzt werden die Parameter p_1 und p_2 eingeführt und die Nebenbedingungen

$$\begin{aligned} p_1 &\leqslant D(t) \quad && \forall t \in [0, T] \\ D(t) &\leqslant p_2 \quad && \forall t \in [0, T] \end{aligned} \tag{5.7}$$

gefordert. Damit ist p_1 der minimale und p_2 der maximale quadratische Abstand zwischen Oberfläche und Schicht. Als Kriterium wird dann

$$f_3(p) := p_2 - p_1$$

aufgenommen. Diese Funktion ist stetig differenzierbar. In den folgenden Abbildungen wird dieses Kriterium *Max-Min-Differenz* genannt.

Als nächstes Kriterium soll die physikalische Endzeit aufgenommen werden. Das macht das Problem zu einem mit freier Endzeit, wie es in Abschnitt 4.1 beschrieben wurde. Um den angesprochenen numerischen Schwierigkeiten aus dem Weg zu gehen, wird an dieser Stelle die Umwandlung in ein Problem mit fester Endzeit durch die Einführung des Parameters p_0 durchgeführt. Das Differenzialgleichungssystem (5.1) wird angepasst und als Funktion $\omega : \mathbb{R}^n \times \mathbb{R}^r \times \mathbb{R}^k \times [0, T] \to \mathbb{R}^n$ wie in (4.1) definiert:

$$\dot{x}(t) = \begin{pmatrix} \dot{z} \\ \dot{v}_z \\ \dot{a}_z \\ \dot{y} \\ \dot{v}_y \\ \dot{a}_y \end{pmatrix} = \omega(x(t), u(t), p, t) := \begin{pmatrix} v_z \\ a_z \\ j_z \\ v_y \\ a_y \\ j_y \end{pmatrix} \cdot p_0. \tag{5.8}$$

Der Parameter p_0 wird dann mit

$$f_4(p) := p_0$$

als Kriterium aufgenommen und in den folgenden Abbildungen *Zeit* genannt. Die systemische Endzeit ist nun also fest als $T = 1$ definiert. Die physikalische Endzeit ist p_0. Insgesamt hat das Problem somit $k = 3$ Parameter, die in

$$p = \left(p_0, p_1, p_2\right)$$

zusammengefasst werden.

Um in der Steuerung eine gewisse Glattheit zu erreichen und das Entstehen eines Verhaltens ähnlich eines Zweipunktreglers zu vermeiden, werden zwei weitere Terme, im Folgenden *Dynamik* genannt, als Kriterien aufgenommen. Seien mit

$$C_z(t) := \int_0^t j_z(s)^2 \,\mathrm{d}s \quad \text{und} \quad C_y(t) := \int_0^t j_y(s)^2 \,\mathrm{d}s$$

zwei Hilfszustände definiert, die über

$$f_5(x) := C_z(T) \quad \text{und} \quad f_6(x) := C_y(T)$$

als Kriterien eingebunden werden. Diese Hilfszustände werden separat vom Zustand x betrachtet, weil es nicht nötig ist, sie in das Differenzialgleichungssystem mit aufzunehmen. Ihre Werte können durch Integration direkt aus der Steuerung berechnet werden. Insgesamt gibt es somit $N = 6$ Kriterien.

Zusätzlich werden zwei weitere Hilfszustände definiert und ebenso per Integration berechnet. Das eine ist der Energiefluss bzw. die Arbeit W, die während der Beschleunigungs- und Abbremsvorgänge umgesetzt wird. Ausgehend von der Definition als Integral der (positionsabhängigen) Kraft $\mathcal{F}$ über den Weg, ergibt sich

$$\begin{aligned} W &= \int_{y_{\min}}^{y_{\max}} \mathcal{F}(y)\,\mathrm{d}y \\ &= \int_{y(0)}^{y(T)} \mathcal{F}(y)\,\mathrm{d}y \\ &= \int_0^T \mathcal{F}(y(s)) \cdot \dot{y}(s)\,\mathrm{d}s \\ &= \int_0^T M \cdot a(s) \cdot v(s)\,\mathrm{d}s, \end{aligned}$$

mit der Position y, der Geschwindigkeit v, der Beschleunigung a und der Masse M, die hier oBdA auf 1 gesetzt wird. Für die beiden Bewegungsrichtungen z und y ergeben sich für jeden Zeitpunkt t die Energien

$$W_z(t) = \int_0^t a_z(s) \cdot v_z(s)\,\mathrm{d}s \quad \text{und} \quad W_y(t) = \int_0^t a_y(s) \cdot v_y(s)\,\mathrm{d}s.$$

Der Summe $W_z + W_y$ kann während der Optimierung eine obere Schranke gesetzt werden, um die gesamte umgesetzte Energie zu begrenzen.

Als letzter Hilfszustand soll das bis zum Zeitpunkt t benötigte Volumen V an Filament berechnet werden. Für die spätere Anwendung ist dieser Wert essenziell, damit die richtige Menge an Filament gefördert wird. Es ergibt sich per Integration des Volumenflusses aus Gleichung 5.13 zu

$$V(t) = \int_0^t \varphi(s)\,\mathrm{d}s = \int_0^t d_N \cdot \big(L(y(s)) - L'(y(s))\big) \cdot \dot{y}(s)\,\mathrm{d}s. \tag{5.9}$$

Eine genaue Herleitung und Erklärung der Größen ist in Abschnitt 5.3 aufgeführt. Alternativ kann das Volumen anhand der gegebenen Lösung numerisch berechnet werden (siehe Abschnitt 5.4). Später werden diese Varianten miteinander verglichen (siehe Abschnitt 6.7).

Um eine bessere Stabilität und Zeiteffizienz zu erreichen, können dem Löser die nicht verschwindenden partiellen Ableitungen des Differenzialgleichungssystems übergeben werden. Anderenfalls müssten diese mit numerischen Methoden approximiert werden. Analytisch sind diese hier aber einfach zu berechnen. Aus (5.8) folgt

$$\frac{\partial}{\partial v_z}\dot{z} = \frac{\partial}{\partial a_z}\dot{v}_z = \frac{\partial}{\partial j_z}\dot{a}_z = \frac{\partial}{\partial v_y}\dot{y} = \frac{\partial}{\partial a_y}\dot{v}_y = \frac{\partial}{\partial j_y}\dot{a}_y = p_0.$$

5.2.3 Neben- und Randbedingungen

In (5.7) wurden schon zwei Nebenbedingungen eingeführt. Diese können in die aus (4.3) bekannte Form gebracht werden mit

$$\begin{aligned} h_1(x(t), p) &:= p_1 - D(t) \leqslant 0 \qquad \forall t \in [0, T] \\ h_2(x(t), p) &:= D(t) - p_2 \leqslant 0 \qquad \forall t \in [0, T]. \end{aligned}$$

Zu beachten ist hier, dass D von x abhängig ist, weswegen das auch für h_1 und h_2 gilt (siehe (5.6)).

Die nächste Nebenbedingung ist der Schichtdicke gewidmet. Aus physikalischen Gründen kann der Drucker keine beliebig dicke Schicht produzieren, weswegen die Höhe z in Relation zum Untergrund begrenzt werden muss. Für die erste Schicht ist die Druckplattform der Untergrund, für jede weitere Schicht ist es die zuvor gedruckte Schicht $L' : [y_{\min}, y_{\max}] \to [z_{\min}, z_{\max}]$. Der Abstand zu dieser darf nun an keiner Position die maximale Schichtdicke $d_{\max} \in \mathbb{R}_+$ überschreiten. Dazu wird

$$h_3(x(t)) := z(t) - L'(y(t)) - d_{\max} \leqslant 0 \qquad \forall t \in [0, T]$$

gefordert. Auch eine Begrenzung nach unten kann sinnvoll sein, um z. B. eine gute Haftung der ersten Schicht auf der Druckplattform zu garantieren. Sei also die minimale Schichtdicke mit $d_{\min} \in \mathbb{R}_+$, $d_{\min} < d_{\max}$ gegeben und

$$h_4(x(t)) := L'(y(t)) - z(t) + d_{\min} \leqslant 0 \qquad \forall t \in [0, T]$$

gefordert.

Ebenso wie der Abstand zur vorherigen Schicht soll auch der Abstand zur Oberfläche begrenzt werden können. Zum einen darf die gedruckte Schicht nicht über der Oberfläche liegen, was die Geometrie des Objekts zerstören würde. Zum anderen erweist es sich in manchen Fällen auch als sinnvoll, für weiter unten liegende Schichten einen größeren Abstand zur Oberfläche zu fordern, um Platz für nachfolgende Schichten zu lassen. Dieser Mindestabstand $D_{\text{min}} \in \mathbb{R}_+$ kann dann für jede weitere Schicht herabgesetzt werden. Um beides umzusetzen, wird

$$h_5(x(t)) := z(t) - S(y(t)) + D_{\text{min}} \leqslant 0 \qquad \forall t \in [0, T]$$

gefordert.

Abgesehen von diesen Nebenbedingungen werden für alle Zustands- und Steuerkomponenten Box-Beschränkungen angegeben. Das sind untere und obere Schranken, die nicht unter- bzw. überschritten werden dürfen. Sie bilden z. B. technische Grenzen der Maschine ab. Zu jedem Zeitpunkt muss gelten:

$$\begin{aligned}
0\,\text{mm} &\leqslant z \leqslant 205\,\text{mm} & 0\,\text{mm} &\leqslant y \leqslant 223\,\text{mm}\\
-30\,\frac{\text{mm}}{s} &\leqslant v_z \leqslant 30\,\frac{\text{mm}}{s} & -60\,\frac{\text{mm}}{s} &\leqslant v_y \leqslant 60\,\frac{\text{mm}}{s}\\
-1000\,\frac{\text{mm}}{s^2} &\leqslant a_z \leqslant 1000\,\frac{\text{mm}}{s^2} & -1000\,\frac{\text{mm}}{s^2} &\leqslant a_y \leqslant 1000\,\frac{\text{mm}}{s^2}\\
-10000\,\frac{\text{mm}}{s^3} &\leqslant j_z \leqslant 10000\,\frac{\text{mm}}{s^3} & -10000\,\frac{\text{mm}}{s^3} &\leqslant j_y \leqslant 10000\,\frac{\text{mm}}{s^3}.
\end{aligned}$$

Mathematisch lassen sich Box-Beschränkungen ebenfalls als Ungleichungsrestriktionen formulieren und können in h aufgenommen werden. So werden

$$\begin{aligned}
h_6(x(t)) &:= -z(t) \leqslant 0 & h_7(x(t)) &:= z(t) - 205 \leqslant 0\\
h_8(x(t)) &:= -v_z(t) - 30 \leqslant 0 & h_9(x(t)) &:= v_z(t) - 30 \leqslant 0\\
h_{10}(x(t)) &:= -a_z(t) - 1000 \leqslant 0 & h_{11}(x(t)) &:= a_z(t) - 1000 \leqslant 0\\
h_{12}(x(t)) &:= -j_z(t) - 10000 \leqslant 0 & h_{13}(x(t)) &:= j_z(t) - 10000 \leqslant 0\\
h_{14}(x(t)) &:= -y(t) \leqslant 0 & h_{15}(x(t)) &:= y(t) - 223 \leqslant 0\\
h_{16}(x(t)) &:= -v_y(t) - 60 \leqslant 0 & h_{17}(x(t)) &:= v_y(t) - 60 \leqslant 0\\
h_{18}(x(t)) &:= -a_y(t) - 1000 \leqslant 0 & h_{19}(x(t)) &:= a_y(t) - 1000 \leqslant 0\\
h_{20}(x(t)) &:= -j_y(t) - 10000 \leqslant 0 & h_{21}(x(t)) &:= j_y(t) - 10000 \leqslant 0
\end{aligned}$$

für alle $t \in [0, T]$ gefordert. Die eingesetzten Werte beziehen sich auf den später genutzten Drucker.

Es werden jetzt noch Anfangs- und Endwertbedingungen formuliert, die für $t = 0$ und $t = T$ gelten sollen. Dazu seien

$$\begin{aligned} g_1(x(0)) &:= a_z(0) = 0 & g_2(x(T)) &:= a_z(T) = 0 \\ g_3(x(0)) &:= y(0) \quad = y_{\min} & g_4(x(T)) &:= y(T) \quad = y_{\max} \\ g_5(x(0)) &:= v_y(0) = 0 & g_6(x(T)) &:= v_y(T) = 0 \\ g_7(x(0)) &:= a_y(0) = 0 & g_8(x(T)) &:= a_y(T) = 0. \end{aligned} \tag{5.10}$$

Die Forderungen, dass Geschwindigkeit und Beschleunigung in y-Richtung zu Beginn und zum Ende jeweils 0 sein sollen, sorgen für ein gutes, gleichmäßiges Bewegungsverhalten. In z-Richtung können keine Bedingungen an Position und Geschwindigkeit gestellt werden, da diese Werte von der Oberfläche abhängig sind. Hat die Oberfläche zu Beginn eine Steigung ungleich 0, so muss der Druckkopf an dieser Stelle in die entsprechende Richtung starten, also eine z-Geschwindigkeit ungleich 0 aufweisen.

Die Anfangs- und Endwertbedingungen für y können in dieser Form nur eingehalten werden, wenn das zu druckende Objekt links und rechts von vertikalen Kanten begrenzt ist. Ist das nicht der Fall, müssen diese Bedingungen entfallen oder in Abhängigkeit von $z(0)$ bzw. $z(T)$ angegeben werden.

5.2.4 Zusammenfassung des Optimalsteuerungsproblems

Es sind nun alle Komponenten des Problems definiert. Insgesamt hat der Zustand x des Systems die Dimension $n = 6$, die Steuerung u die Dimension $r = 2$ und es gibt $k = 3$ Parameter in p. Die multikriterielle Zielfunktion F setzt sich aus $N = 6$ Kriterien zusammen und lautet

$$F(x, u, p) = \begin{pmatrix} f_1 \\ f_2 \\ f_3 \\ f_4 \\ f_5 \\ f_6 \end{pmatrix} = \begin{pmatrix} \int_{y_{\min}}^{y_{\max}} \big(S(y) - L(y)\big)^2 \, \mathrm{d}y \\ \int_{y_{\min}}^{y_{\max}} \left(\frac{\mathrm{d}}{\mathrm{d}y} S(y) - \frac{\mathrm{d}}{\mathrm{d}y} L(y)\right)^2 \mathrm{d}y \\ p_2 - p_1 \\ p_0 \\ \int_0^T j_z(s)^2 \, \mathrm{d}s \\ \int_0^T j_y(s)^2 \, \mathrm{d}s \end{pmatrix}. \tag{5.11}$$

Zudem werden für Neben- und Randbedingungen $m = 8$ Gleichungsrestriktionen in g und $q = 21$ Ungleichungsrestriktionen in h zusammengefasst.

5.2.5 Numerische Formulierung

Um das nun analytisch vollständig definierte Problem numerisch lösen zu können, müssen alle kontinuierlichen Funktionen diskretisiert werden. Die Kriterien f_1 und f_2 werden zu diesem Zweck abgewandelt. Üblicherweise müssten die Integrale über y per Substitution in Integrale über t überführt werden, um dann beispielsweise per Trapezregel approximiert zu werden. Der dabei auftauchende Faktor $\dot{y}(t)$ würde eine geschwindigkeitsabhängige Gewichtung implizieren. Stattdessen soll hier der durchschnittliche Wert über alle diskreten Punkte betrachtet werden. Für M diskrete Zeitschritte $t_1, \ldots, t_M$ ergibt sich damit

$$f_1(x) = \frac{1}{M} \sum_{i=1}^{M} \big(S(y(t_i)) - L(y(t_i))\big)^2 = \frac{1}{M} \sum_{i=1}^{M} \big(S(y(t_i)) - z(t_i)\big)^2.$$

So wird jeder diskrete Punkt gleichermaßen gewichtet und das Kriterium ist unabhängig von der Anzahl der Stützstellen.

Die quadratische Differenz der räumlichen Gradienten wird mit

$$f_2(x) = \frac{1}{M-2} \sum_{i=2}^{M-1} \left(\left(\frac{S(t_{i+1}) - S(t_{i-1})}{y(t_{i+1}) - y(t_{i-1})} \right) - \left(\frac{z(t_{i+1}) - z(t_{i-1})}{y(t_{i+1}) - y(t_{i-1})} \right) \right)^2$$

auf ähnliche Weise diskretisiert. Hier wird jeweils der Gradient von Schicht und Oberfläche mittels zentralem Differenzenquotienten approximiert und dann die durchschnittliche quadratische Differenz berechnet.

Für beide Kriterien wird eine Auswertung der Oberfläche S an diversen Punkten benötigt. Bis jetzt wurde stets angenommen, dass die Oberfläche als kontinuierliche Funktion $S(y) : [y_{\min}, y_{\max}] \to [z_{\min}, z_{\max}]$ vorliegt. In der Praxis wird diese allerdings auch durch diskrete Punkte approximiert oder ist generell nur als Koordinaten im Raum gegeben. Um die Oberfläche dennoch an jedem Punkt auswerten zu können, wird diese linear interpoliert. Genauer gezeigt wird eine solche Interpolation für die vorherige Schicht in (5.14). Ebenso wird die Druckplattform durch zwei Punkte $\big(y_{\min}, 0\big)$ und $\big(y_{\max}, 0\big)$ dargestellt.

Die tatsächlich genutzte Zielfunktion ist immer eine gewichtete Summe der einzelnen Kriterien, wie es im Verfahren der gewichteten Summe eingeführt wurde:

$$F(x, u, p) := \sum_{i=1}^{N} \alpha_i \cdot f_i(x, u, p).$$

Die Gewichte und Nebenbedingungen unterscheiden sich jedoch für verschiedene Probleme oder entspringen anderen Algorithmen, wie beim AWS-Verfahren.

5.2.6 Startschätzung

Gerade für komplexere Probleme ist eine gute Startschätzung für ein Optimierungsverfahren von großem Wert. Für die erste Schicht dient dazu eine planare Schicht mit der maximalen Schichtdicke. Diese bietet einen guten generellen Ausgangspunkt für verschieden geformte Schichten. Für jede weitere Schicht dient dann die vorherige Schicht als Startschätzung. Das wird dadurch motiviert, dass sich die nächste Schicht nur sehr wenig von der vorherigen unterscheiden wird, denn die Differenz ist an jedem Punkt durch $d_{\max}$ beschränkt.

5.2.7 Ablauf und Abbruchbedingungen

Ein Optimalsteuerungsproblem bezieht sich auf eine einzelne Schicht. Für mehrere Schichten wird das Optimalsteuerungsproblem immer wieder gelöst, wobei sich Startschätzung, Gewichte und Nebenbedingungen unterscheiden. Es handelt sich hier also um ein iteratives Verfahren. Demnach müssen Bedingungen definiert werden, auf deren Grundlage das Verfahren beendet wird (siehe Abbildung 5.3).

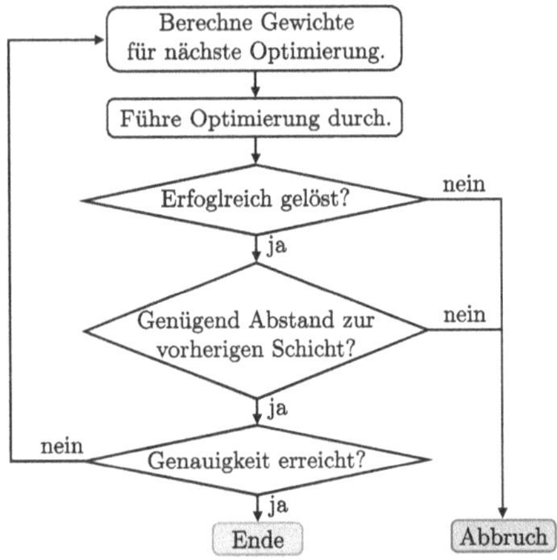

Abbildung 5.3 Verfahrensablauf mit Abbruchbedingungen

Zunächst werden zwei Bedingungen definiert, um zu entscheiden, ob eine Lösung akzeptiert wird. Mit der ersten wird überprüft, ob überhaupt eine optimale Lösung gefunden wurde. Gibt der Löser (z. B. WORHP) zurück, dass das Problem nicht erfolgreich gelöst wurde, wird das Verfahren abgebrochen. Die zweite Bedingung prüft, ob eine vorgegebene minimale Veränderung zur vorherigen Schicht stattgefunden hat. Dazu wird ein Mindestabstand zur vorherigen Schicht vorgegeben, der an mindestens einem diskreten Punkt überschritten werden muss. Da die vorherige Lösung als Startschätzung genutzt wird, kann es vorkommen, dass bei schlecht gewählten Gewichten eben diese vorherige oder eine sehr ähnliche Lösung ausgegeben wird. Wird der vorgegebene Mindestabstand an keinem Punkt überschritten, wird das Verfahren abgebrochen.

Sind jedoch beide Bedingungen erfüllt, kann die Lösung akzeptiert werden. Es muss dann geprüft werden, ob eine weitere Schicht benötigt wird oder ob das Verfahren erfolgreich beendet werden kann. Dazu wird geprüft, ob der maximale Abstand von der Schicht zur Oberfläche einen vorgegebenen Wert unterschritten hat. Ist das nicht der Fall, werden die Gewichte neu berechnet und eine weitere Optimierung durchgeführt.

5.3 Volumenfluss des Filaments: Analytische Herleitung

Zu jedem Zeitpunkt ist es erforderlich, eine präzise Menge Filament zu extrudieren, um Erscheinungen der Unter- oder Überextrusion zu vermeiden. Dies erfordert eine Berechnung des notwendigen Volumens, welches maßgeblich von dem Durchmesser der Nozzle, der Schichtdicke und der Geschwindigkeit des Druckkopfes abhängig ist. Angenommen, eine Nozzle mit einer runden Öffnung mit Durchmesser d_N soll das Material mit einer Breite von d_N auftragen (siehe Abbildung 5.4).

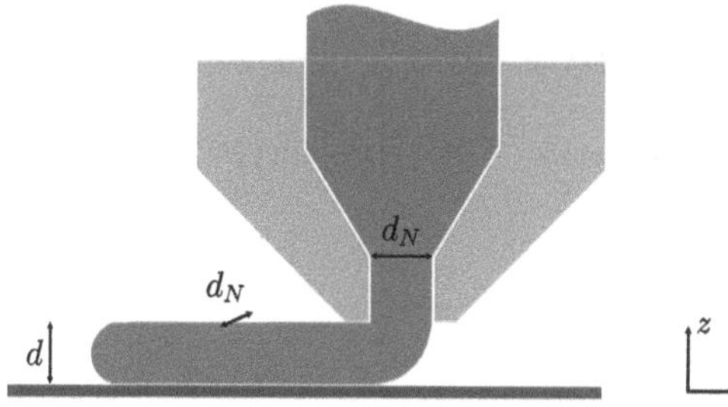

Abbildung 5.4 Fluss des Filaments durch die Nozzle

Für eine konstante Schichtdicke d ergibt sich das benötigte Volumen V zu einem Integral über die zurückgelegte Strecke

$$V(y) = d_N \cdot \int_0^y d \,\mathrm{d}s,$$

wobei sich der Druckkopf von 0 bis y bewegt.

Für einen nicht-planaren Druck ist nun allerdings d nicht konstant, sondern vom Ort abhängig und wird somit als Funktion $d : [0, y_{\max}] \to \mathbb{R}_+$ aufgefasst. Der Ort ist in diesem bewegten System wiederum von der Zeit abhängig, also $y : \mathbb{R}_+ \to [0, y_{\max}]$. Das benötigte Volumen ergibt sich also für einen Zeitpunkt t zu

$$V(t) = d_N \cdot \int_{y(0)}^{y(t)} d(x) \,\mathrm{d}s.$$

Durch Substitution folgt

$$V(t) = d_N \cdot \int_0^t d(y(s)) \cdot \dot{y}(s) \,\mathrm{d}s. \tag{5.12}$$

Daraus resultiert der benötigte Volumenfluss

$$\varphi(t) = \dot{V}(t) = d_N \cdot d(y(t)) \cdot \dot{y}(t).$$

Ist die aktuell zu druckende Schicht als $L : [0, y_{\max}] \to \mathbb{R}_+$ bekannt, so lässt sich die Schichtdicke als die Differenz aus dieser und der vorherigen Schicht $L' : [0, y_{\max}] \to \mathbb{R}_+$ darstellen:

$$d(y(t)) = L(y(t)) - L'(y(t)),$$

womit sich der Volumenfluss zu

$$\varphi(t) = d_N \cdot \big(L(y(t)) - L'(y(t))\big) \cdot \dot{y}(t) \tag{5.13}$$

ergibt.

5.4 Volumenfluss des Filaments: Numerische Berechnung

Durch das numerische Lösen des Optimalsteuerungsproblems mit $M \in \mathbb{N}$ diskreten Punkten werden als Teil der Lösung die y-z-Koordinaten zu jedem diskreten Zeitpunkt erzeugt. Diese seien gegeben als

$$Y := \{y_1, \dots, y_M\} \subset \mathbb{R} \quad \text{und} \quad Z := \{z_1, \dots, z_M\} \subset \mathbb{R}_+.$$

Zum diskreten Zeitpunkt $t_i \in [0, T]$, $i = 1, \dots, M$ der Lösung befindet sich der Druckkopf also im Punkt $(y_i, z_i) \in \mathbb{R} \times \mathbb{R}_+$.

Es sei nun die Schicht $L : Y \to Z$ als diskrete Funktion gegeben, sodass $L(y_i) = z_i$ für alle $i = 1, \dots, M$. Mittels Trapezregel kann dann der Flächeninhalt unter L zwischen zwei benachbarten Punkten y_{i-1} und y_i berechnet werden mit

$$\widehat{A}_i := \frac{1}{2} \cdot (y_i - y_{i-1}) \cdot (L(y_i) + L(y_{i-1})).$$

Diese Fläche ist in Abbildung 5.5 grün schraffiert. Um das benötigte Volumen an Filament für die aktuelle Schicht L zu berechnen, ist nun ebenso der Flächeninhalt unter der vorherigen Schicht in dem Bereich zwischen y_{i-1} und y_i erforderlich. Da die vorherige Schicht aus einer vorhergegangenen Optimierung stammt, stimmen die y-Koordinaten der diskreten Punkte nicht notwendigerweise mit denen der aktuellen Schicht überein. Seien die y-z-Koordinaten der vorherigen Schicht gegeben mit

$$Y' := \{y'_1, \dots, y'_M\} \subset \mathbb{R} \quad \text{und} \quad Z' := \{z'_1, \dots, z'_M\} \subset \mathbb{R}_+$$

und ebenso die Schicht als diskrete Funktion $L' : Y' \to Z'$, wobei wieder $L'(y'_i) = z'_i$ für alle $i = 1, \dots, M$ gilt. Es ist also im Allgemeinen

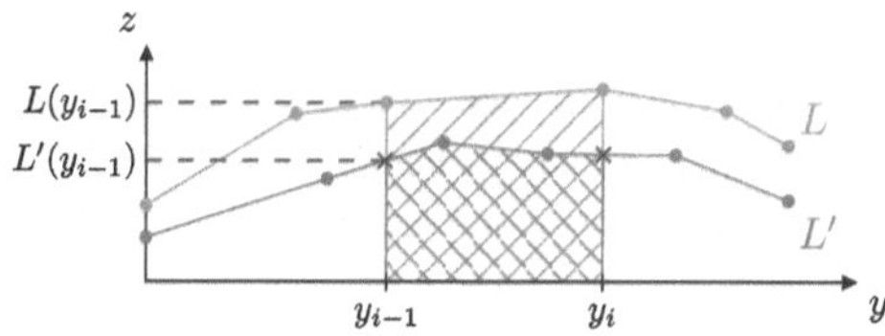

Abbildung 5.5 Volumenstück zwischen zwei Punkten einer Schicht

$$Y' \neq Y.$$

Somit muss L' interpoliert werden, um an den Punkten y_{i-1} und y_i ausgewertet werden zu können. Dazu werden jeweils die Punkte gewählt, die y_{i-1} bzw. y_i umschließen. Zur Interpolation von L' an der Stelle y_i wähle also

$$a = \max\left\{y \in Y' :\ y \leqslant y_i\right\} \quad \text{und} \quad b = \min\left\{y \in Y' :\ y \geqslant y_i\right\},$$

um mit diesen zwei Punkten eine lineare Interpolation durchzuführen. Da sich auch der Druckkopf auf einer linearen Bahn zwischen zwei Punkten bewegt, ist es nicht nötig, mit einem höheren Grad zu interpolieren. Verglichen mit dem realen Verhalten des Druckers würde das sogar zu einem ungenaueren Ergebnis führen.

Mit a und b kann L' nun an der Stelle y_i mit

$$L'(y_i) = L'(a) + \frac{L'(b) - L'(a)}{b - a} \cdot (y_i - a) \tag{5.14}$$

interpoliert werden und auf gleiche Weise an der Stelle y_{i-1}.

Da die Schichten aus unterschiedlichen Optimierungen stammen, kann ebenso der Fall eintreten, dass einer oder mehrere Punkte aus Y' zwischen y_{i-1} und y_i liegen. Existieren solche Punkte

$$\tilde{Y} := \left\{y \in Y' :\ y_{i-1} < y < y_i\right\},$$

so wird die Trapezregel stückweise zwischen all diesen Punkten angewendet. Die Summe aus allen Stücken ergibt dann schließlich die Fläche unter L' von y_{i-1} bis y_i. Diese Fläche wird mit $\check{A}_i$ bezeichnet und ist in Abbildung 5.4 blau schraffiert. Das in der aktuellen Schicht zwischen y_{i-1} und y_i benötigte Volumen berechnet sich letztendlich aus der Differenz von $\widehat{A}$ und $\check{A}$ multipliziert mit dem Durchmesser der Nozzle:

$$V_i := d_N \cdot \left(\widehat{A}_i - \check{A}_i\right).$$

Da es sich hierbei nur um Volumenstücke zwischen zwei diskreten Punkten handelt, muss zum Vergleich mit der analytischen Gleichung 5.12 kumulativ aufaddiert werden. Die diskrete Funktion des Volumens $V : \{1, \ldots, M\} \to \mathbb{R}_+$ ergibt sich also zu

$$V(i) := \sum_{j=1}^{i} V_j$$

und gibt so für jeden diskreten Zeitpunkt t_i das bis dahin benötigte Filamentvolumen $V(i)$ für die aktuelle Schicht an.

5.5 A priori Kollisionserkennung

Im planaren 3D-Druck können im Normalfall keine Kollisionen auftreten. Der Druckkopf befindet sich mitsamt der Nozzle zu jedem Zeitpunkt über jedem bereits gedruckten Teil des Objekts und bewegt sich auch nur parallel zur Druckplattform oder senkrecht von dieser weg. Wird ein Objekt aus nicht-planaren Schichten aufgebaut, so bewegt sich der Druckkopf auch wieder auf die Druckplattform zu. Die Nozzle befindet sich dann in z-Richtung unterhalb schon gedruckter Teile des Objekts. Bei Bewegung des Druckkopfes kann es somit zu Kollisionen mit dem gedruckten Objekt kommen. Dabei kann das Objekt zerstört werden oder sogar die Maschine Schaden nehmen. Es ist also wichtig, solche Kollisionen zu vermeiden, weswegen vorab eine Kollisionserkennung durchgeführt werden muss.

Für diese Aufgabe gibt es, hauptsächlich aus dem Gebiet der Computergrafik, Algorithmen, die Kollisionen erkennen können. Vertreter hiervon sind *V-Clip* [25] und *RAPID* [13]. Beides sind effizient umsetzbare Algorithmen, die die Kollision zweier Polyeder erkennen. Sollten solche Algorithmen auf das hier gestellte Problem der Kollisionserkennung im nicht-planaren 3D-Druck angewendet werden, müssten sowohl das zu druckende Objekt als auch der Druckkopf als Polyeder dargestellt werden. Dann könnte ein solcher Algorithmus für jede nötige Position des Druckkopfes ausgeführt werden. An dieser Stelle wird jedoch klar, dass eine Kollisionserkennung so nur nach der Optimierung einer jeden Schicht durchgeführt werden kann, da hiermit erst die nötigen Positionen des Druckkopfes berechnet werden. Unter der Voraussetzung, dass die Optimierung einen deutlich höheren Rechenaufwand benötigt als die Kollisionserkennung, ist die umgekehrte Reihenfolge erstrebenswert. Aus diesem Grund soll die Kollisionserkennung hier a priori stattfinden, also vor der Optimierung geprüft werden, ob das Objekt überhaupt nicht-planar druckbar ist.

Grundlage für die Überprüfung soll der räumliche Gradient der zu druckenden Schicht bzw. der Oberfläche sein. Es wird sich ein minimal und maximal möglicher Gradient ergeben, der druckbar ist. Zunächst wird dazu die Annahme getroffen, dass der betragsgrößte Gradient über alle Schichten immer in der obersten, also der Oberfläche selbst auftritt. Das wird dadurch motiviert, dass die Druckplattform per Definition einen Gradienten von 0 aufweist und sich der Gradient Schicht für Schicht dem der Oberfläche angleicht. Nicht zuletzt, da eben genau diese Differenz der Gradienten von Schicht und Oberfläche minimiert wird (siehe Gleichung 5.5).

Folglich genügt es, zu überprüfen, ob der Gradient der Oberfläche im akzeptablen Bereich liegt.

Abbildung 5.6 Geometrie des Druckkopfes, fotografiert vor $5mm$ Karopapier

Entscheidend für den akzeptablen Bereich ist die Geometrie des Druckkopfes. Diese wird mit zwei Winkeln beschrieben (siehe Abbildung 5.6). Die eingezeichneten Winkel definieren einen akzeptablen Bereich, in dem sich der Gradient der Oberfläche an jedem Punkt befinden muss, damit diese kollisionsfrei gedruckt werden kann.

Der in Abbildung 5.6 gezeigte Druckkopf ist der eines Ultimaker 2+. Dieser wird auch für die praktische Umsetzung genutzt, weswegen er hier als Beispiel dient. Zu beachten ist, dass der Druckkopf von der Seite betrachtet ein anderes Profil mit größeren Winkeln aufweist. Aufgrund der Bauweise des Druckers ist das hier gezeigte Profil jedoch bildlich besser darstellbar.

Zur Kollisionserkennung wird nun der Gradient der zu druckenden Oberfläche berechnet. Dann wird überprüft, ob dieser an jeder Stelle im akzeptablen Bereich liegt. Ist

$$-\tan(15,4°) \leqslant \frac{\mathrm{d}}{\mathrm{d}y} S(y) \leqslant \tan(8,8°)$$

für alle $y \in [y_{\min}, y_{\max}]$, so kommt es nicht zu einer Kollision. Wenn die Geometrie des Druckkopfes – wie in diesem Beispiel – asymmetrisch ist, kann die Oberfläche eventuell gedreht werden, um eine Kollision zu vermeiden.

Mit dieser Methode wird garantiert, dass sich zu keinem Zeitpunkt ein gedruckter Teil des Objekts oberhalb der roten Linien in Abbildung 5.6 befindet. Das ist eine stärkere Beschränkung, als sie in der Realität für einen kollisionsfreien Druckvorgang nötig wäre. So existieren oberhalb der roten Linien durchaus Regionen, in denen sich gedruckte Teile befinden dürfen, ohne dass es zu einer Kollision kommt. Dies könnte jedoch nur für Oberflächen mit relativ großen Gradienten auf kleinem

Raum ausgenutzt werden. Wie eingangs erwähnt, soll der nicht-planare 3D-Druck aber vor allem auf Oberflächen mit kleinem Gradienten angewendet werden.

5.6 Umkehr der Bewegungsrichtung

Bewegt sich der Druckkopf für jede Schicht während des Druckens immer in dieselbe Richtung, so muss sich dieser nach Beendigung einer Schicht wieder zurückbewegen, um die nächste zu starten. Dieser Vorgang kostet Zeit, ohne dass etwas gedruckt wird. Um dem entgegenzuwirken, liegt es nahe, die Richtung, in die sich der Druckkopf bewegt, für jede Schicht entgegen der vorherigen Richtung zu wählen. Werden nur die (y, z)-Koordinaten einer Schicht betrachtet, läge es nahe, diese einfach rückwärts zu interpretieren. Die Schicht würde also als eine Bewegung in positive y-Richtung gelöst werden und dann im Nachhinein in negative y-Richtung vom Drucker umgesetzt, also in umgekehrter Zeit ausgeführt werden. Im Allgemeinen kann dieser Ansatz nicht als valide angesehen werden, da die Lösung unter Berücksichtigung der Bewegungsgleichungen entstanden ist und somit eine physikalisch korrekte Bewegung darstellt.

Definition 5.1 Eine Bewegung mit Geschwindigkeit $v : \mathbb{R}_+ \to \mathbb{R}$ stetig differenzierbar, befindet sich zum Zeitpunkt $t \in \mathbb{R}_+$ genau dann in einem Beschleunigungsvorgang, wenn

$$v(t) \cdot \dot{v}(t) > 0$$

und genau dann in einem Bremsvorgang, wenn

$$v(t) \cdot \dot{v}(t) < 0.$$

Folgendes Lemma folgt direkt aus der Kettenregel.

Lemma 5.1 Für eine differenzierbare Funktion $f : \mathbb{R} \to \mathbb{R}$ gilt, dass bei Umkehr das Vorzeichen in der Ableitung wechselt:

$$\overleftarrow{f}(x) = f(-x) \quad \Rightarrow \quad \frac{\mathrm{d}}{\mathrm{d}x}\overleftarrow{f}(x) = -\frac{\mathrm{d}}{\mathrm{d}x} f(-x).$$

Ein einfaches Umkehren der Zeit würde jeden Beschleunigungsvorgang in einen Bremsvorgang und jeden Bremsvorgang in einen Beschleunigungsvorgang wandeln. Seien stetig differenzierbare $y, v : \mathbb{R}_+ \to \mathbb{R}$ die Position und

Geschwindigkeit einer Bewegung, dann würde die Bewegung mit umgekehrter Zeit beschrieben werden durch

$$\overleftarrow{y}(t) = y(-t).$$

Mit Lemma 5.1 folgt

$$\overleftarrow{v}(t) = -v(-t) \quad \Rightarrow \quad \dot{\overleftarrow{v}}(t) = \dot{v}(-t).$$

Nach Definition 5.1 wechselt also Beschleunigungs- und Bremsvorgang:

$$v(t) \cdot \dot{v}(t) \lesseqgtr 0 \quad \Rightarrow \quad \overleftarrow{v}(t) \cdot \dot{\overleftarrow{v}}(t) \gtreqless 0.$$

Um das zu vermeiden, muss das Optimalsteuerungsproblem umgekehrt werden, *bevor* es gelöst wird. Für den Löser soll ein umgekehrtes Problem dabei möglichst so aussehen wie ein nicht umgekehrtes Problem. Insbesondere soll dazu die monotone Steigung der diskreten y-Werte bezüglich der Zeit beibehalten werden. Auch soll die Lösung der vorherigen Schicht weiterhin als Startschätzung dienen können und muss dazu ebenso umgekehrt werden.

Die Oberfläche ist gegeben als $S(y) : [y_{\min}, y_{\max}] \to \mathbb{R}_+$. Sie wird umgekehrt durch

$$\overleftarrow{S}(y) = S(y_{\min} + y_{\max} - y).$$

Mit $\overleftarrow{y} = y_{\min} + y_{\max} - y$ ist dann $\overleftarrow{S}(\overleftarrow{y}) : [y_{\min}, y_{\max}] \to \mathbb{R}_+$.

Für die vorherige Schicht $L'(y) : [y_{\min}, y_{\max}] \to \mathbb{R}_+$ ergibt sich ebenso

$$\overleftarrow{L}'(y) = L'(y_{\min} + y_{\max} - y).$$

Werden die gegebene Oberfläche und die vorherige Schicht auf diese Weise umgekehrt, so können die Zielfunktion aus Gleichung 5.11 und alle Rand- und Nebenbedingungen ohne weitere Umstellung übernommen und an den Löser weitergegeben werden.

Die daraus berechnete Lösung sei gegeben als diskrete Funktionen $\overleftarrow{x} : \mathbb{T} \to \mathbb{R}^6$ und $\overleftarrow{u} : \mathbb{T} \to \mathbb{R}^2$ auf der Menge der Zeitschritte $\overleftarrow{\mathbb{T}} = \left\{\overleftarrow{t_0}, \ldots, \overleftarrow{t_M}\right\} \subset \mathbb{R}_+$ mit $\overleftarrow{t_1} = 0$, $\overleftarrow{t_M} = T$ und $\overleftarrow{t_i} < \overleftarrow{t_{i+1}}$ für alle $i = 0, \ldots, M-1$. Die Funktion $\overleftarrow{x}$ beschreibt den berechneten Zustand des Systems zu jedem Zeitschritt und besteht aus den Komponenten

$$\overleftarrow{x} = \left(\overleftarrow{z}, \overleftarrow{v_z}, \overleftarrow{a_z}, \overleftarrow{y}, \overleftarrow{v_y}, \overleftarrow{a_y}\right),$$

vergleiche Zustandsvektor in Gleichung 5.3. Die Funktion $\overleftarrow{u}$ beschreibt die berechnete Steuerung des Systems zu jedem Zeitschritt und besteht aus den Komponenten

$$\overleftarrow{u} = \left(\overleftarrow{j_z}, \overleftarrow{j_y}\right).$$

Es wird vom Löser nicht rückwärts in der Zeit gerechnet, also können alle Zeitschritte mit $\mathbb{T} = \{t_1, \ldots, t_M\} := \overleftarrow{\mathbb{T}}$ übernommen werden. Ebenso können alle Werte bezüglich der z-Richtung übernommen werden:

$$z(t_i) := \overleftarrow{z}\,(\overleftarrow{t_i}\,), \quad v_z(t_i) := \overleftarrow{v_z}\,(\overleftarrow{t_i}\,), \quad a_z(t_i) := \overleftarrow{a_z}\,(\overleftarrow{t_i}\,), \quad j_z(t_i) := \overleftarrow{j_z}\,(\overleftarrow{t_i}\,),$$

für alle $i = 0, \ldots, M$. Alle Werte bezüglich der y-Richtung müssen umgekehrt werden. Dazu setze

$$\begin{aligned}
y(t_i) &:= \overleftarrow{y}\,(\overleftarrow{t_0}\,) + \overleftarrow{y}\,(\overleftarrow{t_M}) - \overleftarrow{y}\,(\overleftarrow{t_i}\,)\\
v_y(t_i) &:= \overleftarrow{v_y}\,(\overleftarrow{t_0}\,) + \overleftarrow{v_y}\,(\overleftarrow{t_M}) - \overleftarrow{v_y}\,(\overleftarrow{t_i}\,)\\
a_y(t_i) &:= \overleftarrow{a_y}\,(\overleftarrow{t_0}\,) + \overleftarrow{a_y}\,(\overleftarrow{t_M}) - \overleftarrow{a_y}\,(\overleftarrow{t_i}\,)\\
j_y(t_i) &:= \overleftarrow{j_y}\,(\overleftarrow{t_0}\,) + \overleftarrow{j_y}\,(\overleftarrow{t_M}) - \overleftarrow{j_y}\,(\overleftarrow{t_i}\,).
\end{aligned}$$

Dabei ist zu beachten, dass in den Randbedingungen die Werte für v_y und a_y jeweils für t_0 und t_M auf 0 gesetzt wurden, in den obigen Gleichungen also die Summen dieser Randwerte vernachlässigt werden können.

Zusammengesetzt zu $x : \mathbb{T} \to \mathbb{R}^6$ und $u : \mathbb{T} \to \mathbb{R}^2$ mit

$$x = \left(z, v_z, a_z, y, v_y, a_y\right) \quad \text{und} \quad u = \left(j_z, j_y\right)$$

ergibt sich so die richtige Lösung. Beschleunigungs- und Bremsvorgänge werden so nicht vertauscht, da sich in z-Richtung das Vorzeichen von v_z und a_z jeweils nicht ändert und in y-Richtung das Vorzeichen sowohl für v_z als auch für a_z wechselt.

Ergebnisse

6

Um die bearbeiteten Verfahren genauer zu untersuchen und testen zu können, werden diese nun in die Praxis umgesetzt und vor allem die Ergebnisse der Optimalsteuerung anhand realer Drucke betrachtet.

6.1 Umsetzung in Software und Methodik

Dieser Abschnitt ist der programmiertechnischen Umsetzung gewidmet. Wie in Abschnitt 3.2 erwähnt, wird als Löser für die entstehenden Optimierungsprobleme die Software WORHP verwendet. Als Interface dient dazu die Software TRANSWORHP, die Optimalsteuerungsprobleme in nichtlineare Optimierungsprobleme übersetzt [22]. Sowohl die Zielfunktion als auch das Differenzialgleichungssystem sowie die Neben- und Randbedingungen sind mit TRANSWORHP in einem C++ Programm implementiert, welches später automatisiert aufgerufen wird. Dabei werden sämtliche Parameter, wie Werte für Gewichte und Nebenbedingungen, direkt an das Programm übergeben. Komplexere Daten, wie die Koordinaten der Oberfläche und der vorherigen Schicht, werden aus Dateien eingelesen.

Der übrige Teil ist in Python geschrieben. Das umfasst den gesamten Ablauf vom gestellten Problem über das mehrfache Aufrufen des TRANSWORHP-Programms bis hin zur Generierung des G-Codes, der dann an den 3D-Drucker übertragen wird. Ein Problem wird vollständig in einer JSON-Datei definiert. Hauptbestandteile sind die zu druckende Oberfläche, die entweder als Koordinaten oder Funktion angegeben ist, und die Werte für Gewichte und Nebenbedingungen. Die JSON-Datei wird vom Python-Programm eingelesen und die Oberfläche gegebenenfalls durch Koordinaten approximiert, wenn diese nur als Funktion definiert ist. Zur weiteren Vorbereitung speichert das Python-Programm die Koordinaten der Oberfläche und die der

M. Walther, *Multikriterielle Optimalsteuerung am Beispiel des nicht-planaren 3D-Drucks*, BestMasters,
https://doi.org/10.1007/978-3-658-50408-3_6

vorherigen Schicht in CSV-Dateien ab und ruft dann das TRANSWORHP-Programm auf. Die Lösung wird ebenso in Dateien gespeichert und wiederum vom Python-Programm eingelesen. Nun können die gewünschten Teile der Lösung geplottet, Abbruchbedingungen überprüft und neue Gewichte und Nebenbedingungen für die nächste Schicht berechnet werden. Gerade das sofortige Plotten der aktuellsten Lösung hat sich als wertvolles Werkzeug zur Beobachtung des Prozesses erwiesen.

Ist die Optimierung aller Schichten abgeschlossen, werden die Grafiken gespeichert und der G-Code wird automatisch generiert. Um einen Vergleich mit einem planaren Druck anzustellen, muss das exakt gleiche Objekt mit einer herkömmlichen Slicer-Software in G-Code umgewandelt werden. Dazu werden die Koordinaten der Oberfläche in das CAD-Programm *Fusion 360* übertragen und mit diesem eine STL-Datei erstellt. Es wird sodann die Software *Cura* genutzt, um den planaren G-Code zu generieren. Die Programme wurden auf einem Computer mit den in Tabelle 6.1 stehenden Daten ausgeführt.

Tabelle 6.1 Daten des genutzten Computers

Betriebssystem	Windows 11 Pro 23H2
Prozessor	AMD Ryzen 5 3600
Grafikkarte	NVIDIA GTX 1080
Arbeitsspeicher	48 GB DDR4
WORHP Version	1.14.0
TRANSWORHP Version	0.9.1.0
Python Version	3.11.3

Zur Anschauung in dieser Arbeit werden die vom Löser generierten Schichten wie z. B. in Abbildung 6.1 veranschaulicht. Das zu druckende Objekt ist als graue Fläche dargestellt und die schwarze Linie stellt die Druckplattform dar. Die einzelnen Schichten sind von der ersten in Blau bis zur letzten in Grün eingezeichnet. Um die Schichten besser differenzieren zu können, ist die Skalierung nicht symmetrisch. Jeder Punkt auf einer Schicht kennzeichnet einen diskreten Zeitpunkt. Diese Punkte sind zeitlich äquidistant. Anhand der Entfernung ist demnach die Bewegungsgeschwindigkeit zu erkennen. Die Pfeile geben die Bewegungsrichtung an. Jedes gedruckte Objekt wird zudem auf 5 mm Karopapier fotografiert. Als Bewertungskriterien werden zusätzlich zur Oberflächenqualität auch die Druckzeit und die Anzahl der Schichten herangezogen .

6.2 Ebene Oberfläche

Um die Funktion des Verfahrens zu verifizieren, soll zunächst ein möglichst einfaches Problem gelöst werden. Das zu druckende Objekt ist hier 100 mm breit und 1 mm hoch mit planarer Oberfläche. Zur Optimierung wird eine maximale Schichtdicke von $d_{\text{max}} = 0,2$ mm vorgegeben. Die Anzahl der diskreten Zeitschritte beträgt $M = 16$. Für die Gewichte werden

$$\alpha_1 = 1,\ \alpha_2 = 0,\ \alpha_3 = 0,\ \alpha_4 = 1,\ \alpha_5 = 0,01,\ \alpha_6 = 0,01$$

gewählt. Die optimale Lösung ist hier eindeutig und besteht aus 5 planaren Schichten mit maximaler Schichtdicke.

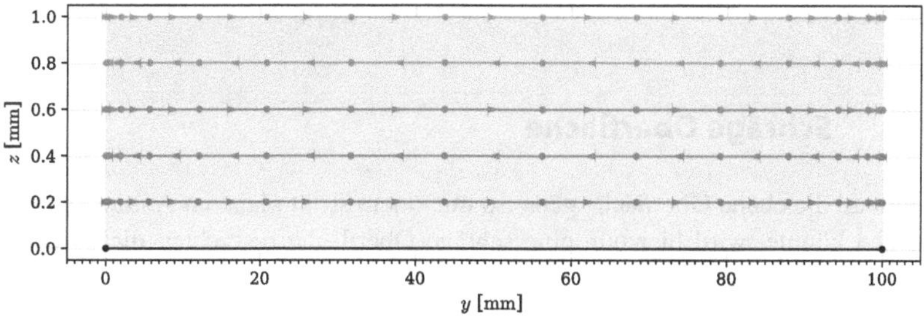

Abbildung 6.1 Nicht-planare Lösung für die ebene Oberfläche

In Abbildung 6.1 ist zu sehen, dass das Verfahren auch die erwartete Lösung liefert. Anhand der unterschiedlichen Entfernungen der Punkte ist das Beschleunigungs- und Bremsverhalten gut zu erkennen. Die Bewegungsrichtung alterniert pro Schicht, wie es die Pfeile anzeigen. Abbildung 6.2 zeigt den Bewegungsablauf für die erste Schicht genauer.

Es wird der Ruck j_y als Steuergröße gezeigt, aus dem die Beschleunigung a_y, daraus die Geschwindigkeit v_y und hieraus letztlich die Position y hervorgeht. Die Steuerung weist eine glatte Form auf, was auch eine glatte Kurve für die Position nach sich zieht. Ebenso sind die Randbedingungen für Beschleunigung und Geschwindigkeit aus (5.10) erkennbar. Zu Beginn und zum Ende der Bewegung sind diese jeweils 0. Hier ist auch ersichtlich, dass der Druck einer Schicht $4s$ dauert.

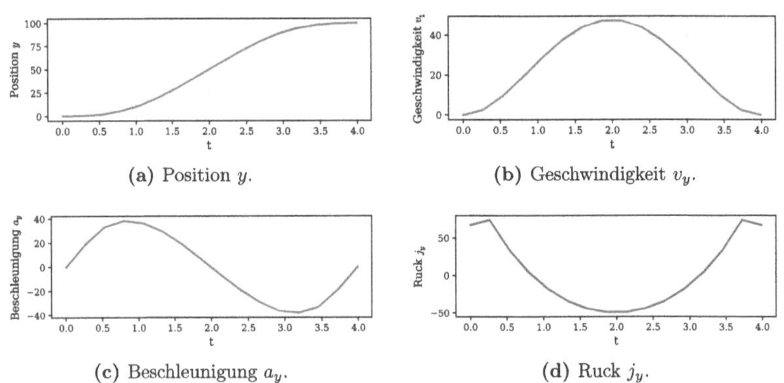

(a) Position y.

(b) Geschwindigkeit v_y.

(c) Beschleunigung a_y.

(d) Ruck j_y.

Abbildung 6.2 Position, Geschwindigkeit, Beschleunigung und Ruck in y-Richtung für die erste Schicht

6.3 Schräge Oberfläche

Während die ebene Oberfläche genauso mit einem strikt planaren Ansatz gedruckt werden könnte, wird hier nun eine schräge Oberfläche betrachtet, die durch die Funktion

$$S(y) = 0,08 \cdot y + 2$$

definiert ist. Wird diese planar mit einer Schichtdicke von 0,2 mm gedruckt, so bilden sich die in Abschnitt 2.2 angesprochenen Stufen. Abbildung 6.3 zeigt ein Foto des planar gedruckten Objekts. Die Schichten sind als horizontale Linien zu erkennen und die Oberfläche weist viele Stufen auf.

Abbildung 6.3 Planarer Druck der schrägen Oberfläche mit 0,2 mm Schichtdicke, 49 Schichten und einer Druckzeit von 215 s

Um diese Oberfläche nicht-planar zu drucken, werden für das Optimalsteuerungsproblem $M = 32$ diskrete Zeitpunkte und die Gewichte

$$\alpha_1 = 1,\ \alpha_2 = 1,\ \alpha_3 = 1,\ \alpha_4 = 10,\ \alpha_5 = 0,01,\ \alpha_6 = 0,01$$

gewählt. Für die erste Schicht wird die Schichtdicke durch $d_{\text{min}} = 0,1\,\text{mm}$ und $d_{\text{max}} = 0,2\,\text{mm}$ beschränkt, um für eine gute Haftung auf der Druckplattform zu sorgen. Für alle weiteren Schichten werden $d_{\text{min}} = 0,02\,\text{mm}$ und $d_{\text{max}} = 0,4\,\text{mm}$ gesetzt. Die resultierende Lösung ist in Abbildung 6.4 zu sehen und das gedruckte Objekt in Abbildung 6.5.

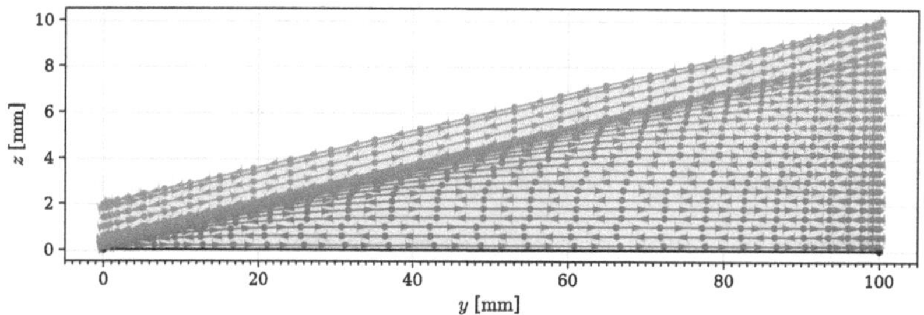

Abbildung 6.4 Nicht-planare Lösung für die schräge Oberfläche

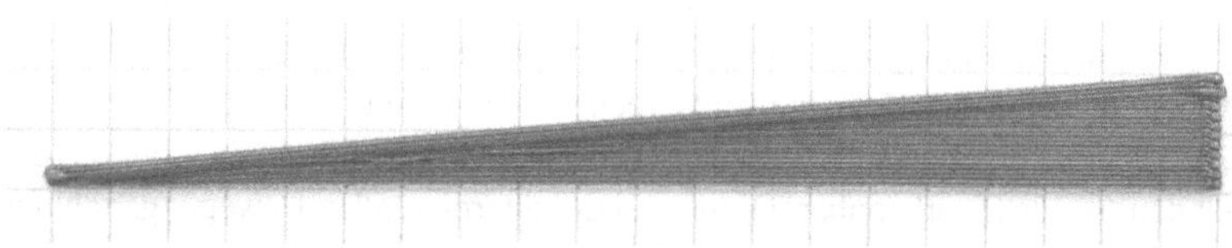

Abbildung 6.5 Nicht-planarer Druck der schrägen Oberfläche mit 26 Schichten und einer Druckzeit von 150 s

Die Oberfläche besteht hier aus einer durchgehenden Schicht, ist somit glatt und weist keine Stufen auf. In Abbildung 6.4 ist zu sehen, wie auf der rechten Seite stets die maximale Schichtdicke ausgenutzt wird und die Schichten auf der linken Seite dichter beieinanderliegen, bis parallel zur Oberfläche gedruckt werden kann. So gleicht sich der durchschnittliche Gradient der Schichten sukzessive an den Gradienten der Oberfläche an. Die untere Schranke für die Schichtdicke sorgt dabei dafür, dass die Schichten bei $y = 0$ noch einen Abstand > 0 zueinander haben und so gut gedruckt werden können.

Der Verlauf der Kriterien f_1, f_2 und f_3 ist in Abbildung 6.6 dargestellt. Hier ist zu sehen, dass alle Kriterien im Verlauf der Iteration über die Schichten monoton fallen. Lediglich für die letzte Schicht steigt die durchschnittliche quadratische Differenz der Gradienten f_2 wieder an. Dafür können numerische Ungenauigkeiten an den äußeren Enden der Schicht verantwortlich gemacht werden.

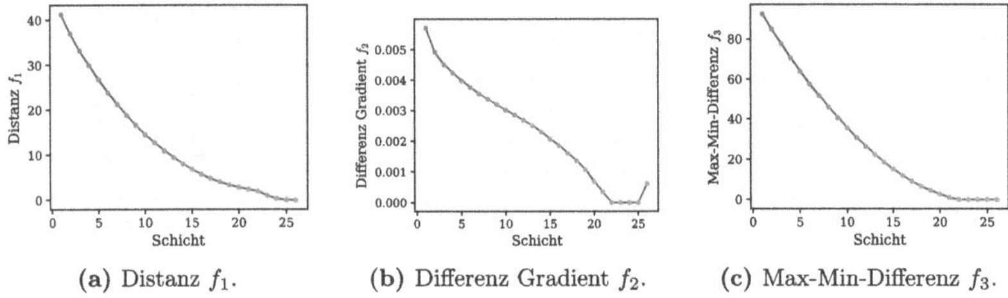

(a) Distanz f_1. (b) Differenz Gradient f_2. (c) Max-Min-Differenz f_3.

Abbildung 6.6 Die Werte der Kriterien f_1, f_2 und f_3 für alle Schichten

Genau zu erkennen ist hier der Übergang von leicht gekrümmten Schichten zu denen, die parallel zur Oberfläche verlaufen. Dieser findet bei Schicht 22 statt, hier ist $f_2 = f_3 = 0$. Für alle folgenden Schichten verringert sich nur noch die durchschnittliche quadratische Distanz zur Oberfläche f_1.

Um einen guten Überblick über das Verhalten der Zustände und Steuerungen zu geben, sind in Abbildung 6.7 alle diese Werte für alle Schichten dargestellt. Die Kurven sind wieder den Schichten entsprechend eingefärbt.

Grundlegend ergeben sich für jeden Wert zwei Gruppen, besonders gut an den Zuständen (d) bis (f) erkennbar. Diese sind der alternierenden Bewegungsrichtung geschuldet. So ist beispielsweise die Geschwindigkeit v_y in (e) positiv für alle Schichten, die von $y_{\min}$ nach $y_{\max}$ gedruckt werden und negativ für alle Schichten, die umgekehrt gedruckt werden.

Der grundsätzliche Bewegungsablauf in y-Richtung weist keine großen Differenzen von Schicht zu Schicht auf. In jedem Graphen, der zur y-Bewegung gehört, sind zwei dichte Gruppen erkennbar. Auch sind die Bewegungsabläufe weitestgehend symmetrisch. In (h) ist allerdings zu sehen, dass der Ruck j_y für eine Bewegung in positive y-Richtung zu Beginn der Bewegung einen betraglich niedrigeren Wert aufweist als zum Ende hin. Für eine Bewegung in die entgegengesetzte Richtung ist das genau umgekehrt – hier weist der Ruck zu Beginn der Bewegung einen betraglich größeren Wert auf als zum Ende hin. Der Betrag des Rucks ist also für höhere y-Werte größer bzw. dann, wenn sich der Druckkopf auf der rechten Seite des Objekts befindet. Hier bewegt sich der Druckkopf für die meisten Schichten nur

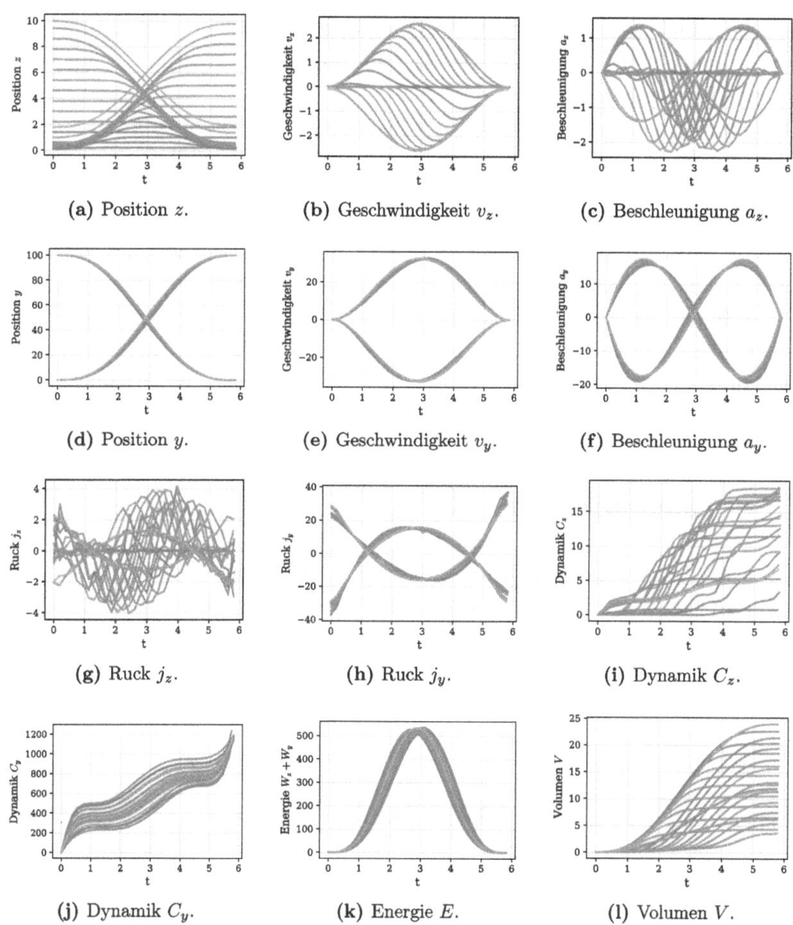

(a) Position z. (b) Geschwindigkeit v_z. (c) Beschleunigung a_z.

(d) Position y. (e) Geschwindigkeit v_y. (f) Beschleunigung a_y.

(g) Ruck j_z. (h) Ruck j_y. (i) Dynamik C_z.

(j) Dynamik C_y. (k) Energie E. (l) Volumen V.

Abbildung 6.7 Zustände und Steuerungen für alle Schichten

in y- und nicht in z-Richtung. Für die letzten Schichten ist das nicht mehr der Fall und die Differenz des Rucks zwischen Anfang und Ende der Bewegung verschwindet. Im Graphen zeigt sich das dadurch, dass die grünen Kurven auf derselben Höhe enden, auf der sie beginnen.

Es lassen sich genauso einige Verhaltensweisen erkennen, die sich von Schicht zu Schicht ändern – beispielsweise die Geschwindigkeit v_z in (b). Von der ersten bis zu letzten Schicht wird der Betrag der maximal erreichten Geschwindigkeit immer größer. Das liegt daran, dass sich der Druckkopf über immer größere Zeiträume in z-Richtung bewegt. Je größer der Zeitraum ist, desto länger und stärker kann beschleunigt werden.

Für die Dynamik C_z in (i) ist erkennbar, dass diese den niedrigsten Wert für die erste Schicht, die höchsten Werte für mittlere Schichten und einen verhältnismäßig geringen Wert für die letzten Schichten annimmt. Der geringe Wert in der ersten Schicht ist der zusätzlichen Beschränkung der Schichtdicke geschuldet. Es wird der Spielraum für die z-Bewegung im Verhältnis zu allen weiteren Schichten deutlich reduziert. Die mittleren Schichten weisen dann alle einen Übergang von einer Schräge zu einer Geraden auf. Dazu muss in z-Richtung viel beschleunigt und abgebremst werden, was die Dynamik nach oben treibt. Die letzten Schichten haben wiederum eine, der Oberfläche folgende, konstante Steigung. Die Dynamik ist hier also geringer.

6.4 Parabolische Oberfläche

Für diesen Test soll der Gradient der Oberfläche linear variiert werden. Das führt zu einer Oberfläche mit parabolischer Form. Außerdem soll der in Abschnitt 5.5 erwähnte minimal bzw. maximal mögliche Gradient ausgenutzt werden, der mit dem Drucker kollisionsfrei umgesetzt werden kann. Es soll somit

$$\frac{\mathrm{d}}{\mathrm{d}y} S(y_{\min}) = -\tan(15{,}4°) \quad \text{und} \quad \frac{\mathrm{d}}{\mathrm{d}y} S(y_{\max}) = \tan(8{,}8°) \tag{6.1}$$

gelten und der Gradient linear sein, also die Form

$$\frac{\mathrm{d}}{\mathrm{d}y} S(y) = m \cdot y + b$$

für $m, b \in \mathbb{R}$ haben. Die Oberfläche ergibt sich so zu

$$\begin{aligned} S(y) &= \int_{y_{\min}}^{y} m \cdot s + b \,\mathrm{d}s \\ &= \frac{m}{2} \cdot y^2 + b \cdot y - \frac{m}{2} \cdot y_{\min}^2 - b \cdot y_{\min} + z_0 \end{aligned}$$

für ein $z_0 \in \mathbb{R}$. Mit den geforderten Gradienten aus (6.1) sind hier

$$m = \frac{\tan(8,8°) + \tan(15,4°)}{y_{\text{max}} - y_{\text{min}}}$$

und

$$b = -\tan(15,4°) - m \cdot y_{\text{min}}.$$

Es seien nun $y_{\text{min}} = 0$, $y_{\text{max}} = 100$ und $z_0 = 12$. Die zu druckende Oberfläche wird also vollständig beschrieben durch

$$S(y) = \frac{\tan(8,8°) + \tan(15,4°)}{200} \cdot y^2 - \tan(15,4°) \cdot y + 12.$$

In Abbildung 6.8 ist ein planarer Druck dieser Oberfläche zu sehen.

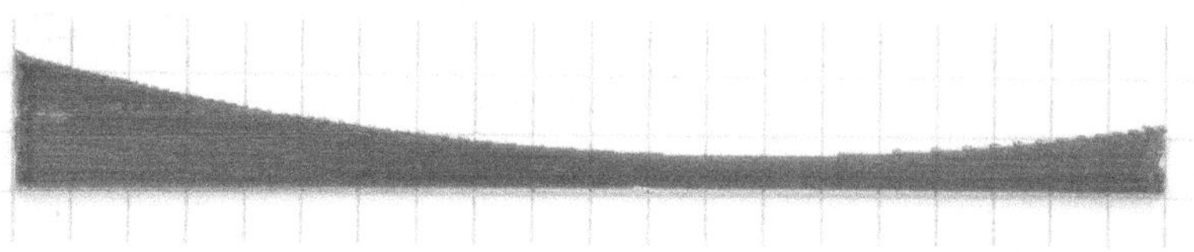

Abbildung 6.8 Planarer Druck der parabolischen Oberfläche mit 0, 2*cmm* Schichtdicke, 59 Schichten und einer Druckzeit von 214 s

Hier ist die in Abschnitt 2.2 hergeleitete Abhängigkeit der Stufengröße vom Gradienten der Oberfläche sichtbar. Während die Stufen am linken Rand bei einem großen Gradienten noch relativ klein sind, werden sie bis zum Scheitelpunkt immer größer. Hier erstreckt sich eine Stufe über ca. 15 mm. Somit geht in diesem Bereich jegliche Krümmung, die die Oberfläche eigentlich aufweist, im Druck verloren.

Für die nicht-planare Lösung werden wieder $M = 32$, $d_{\text{min}} = 0,02\,\text{mm}$ und $d_{\text{max}} = 0,4\,\text{mm}$ bzw. für die erste Schicht $d_{\text{min}} = 0,1\,\text{mm}$ und $d_{\text{max}} = 0,2\,\text{mm}$ gewählt. Für die Gewichte werden

$$\alpha_1 = 1,\ \alpha_2 = 1,\ \alpha_3 = 1 + \tfrac{9}{30}(i-1),\ \alpha_4 = 10,\ \alpha_5 = 0,01,\ \alpha_6 = 0,01$$

gewählt. Dabei ist i die Nummer der zu optimierenden Schicht. Für die erste Schicht ist also $\alpha_3 = 1$ und für die 31. Schicht ist $\alpha_3 = 10$. Damit wird die Differenz des maximalen und minimalen Abstands der Schicht zur Oberfläche immer stärker gewichtet. Das hat zur Folge, dass die Form der Schichten immer besser der Form der Oberfläche folgt. Die Lösung ist in Abbildung 6.9 und ebenso auf der Titelseite dieser Arbeit zu sehen. Ein Foto des zugehörigen Drucks wird in Abbildung 6.10 gezeigt.

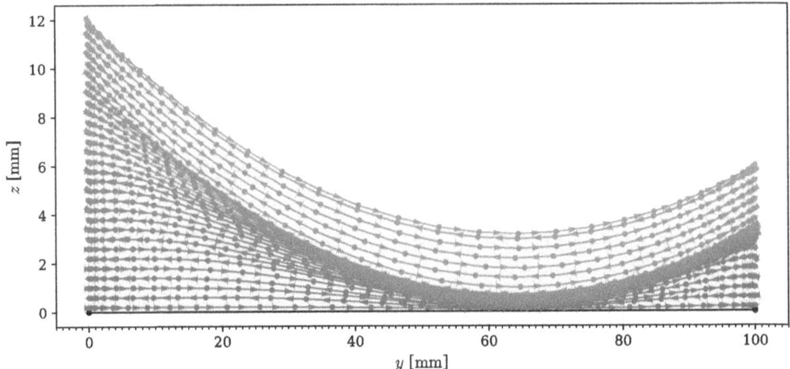

Abbildung 6.9 Nicht-planare Lösung für die parabolische Oberfläche

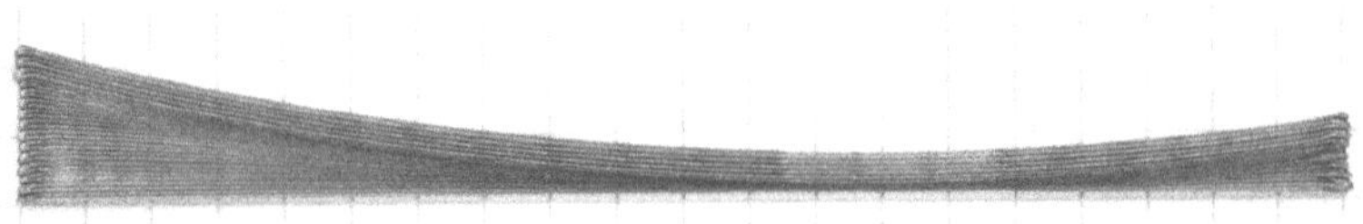

Abbildung 6.10 Nicht-planarer Druck der parabolischen Oberfläche mit 31 Schichten und einer Druckzeit von 181 s

Die Oberfläche wird im Druck gut und ohne Stufen abgebildet. Auch hier ist erkennbar, dass dort, wo das Objekt am höchsten ist, die maximale Schichtdicke ausgenutzt wird und die Schichten an anderen Punkten, insbesondere auf Höhe des Scheitelpunktes, dichter zusammen liegen und so der Übergang von der planaren Druckplattform zur parabolischen Oberfläche gelingt.

6.5 Sinusförmige Oberfläche

Als finales Beispiel dient eine flache sinusförmige Oberfläche, beschrieben durch

$$S(y) = 4 - \sin\left(\frac{0{,}2}{\pi} y\right).$$

Abbildung 6.11 zeigt den planaren Druck.

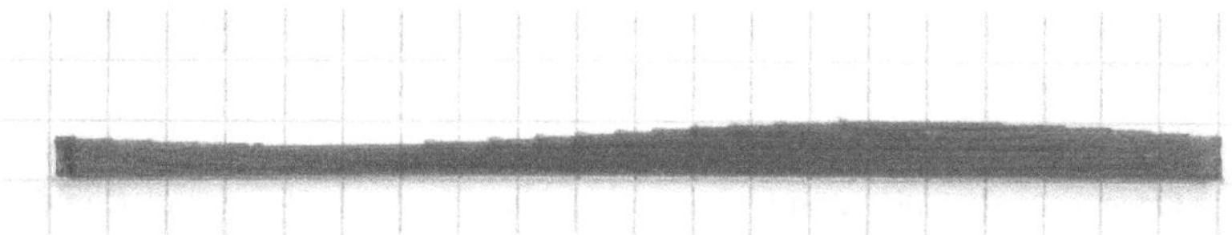

Abbildung 6.11 Planarer Druck der sinusförmigen Oberfläche mit 0, 2 mm Schichtdicke, 24 Schichten und einer Druckzeit von 120 s

Aufgrund des durchgängig kleinen Gradienten der Oberfläche stellt diese eine Herausforderung dar. Die Form ist kaum zu erkennen und auch hier sind Stufengrößen von bis zu ca. 15 mm enthalten.

Um diese Oberfläche nicht-planar zu drucken, werden für das Optimalsteuerungsproblem die gleichen Parameter wie für die parabolische Oberfläche genutzt. Lediglich das Gewicht α_3 wird mit

$$\alpha_3 = 1 + \frac{16}{10}(i - 1)$$

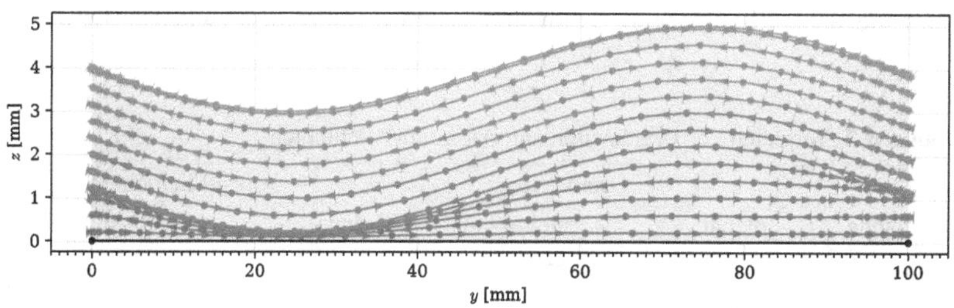

Abbildung 6.12 Nicht-planare Lösung für die sinusförmige Oberfläche

angepasst. Abbildung 6.12 zeigt die Lösung für dieses Problem und in Abbildung 6.13 ist ein Foto des Drucks zu sehen.

Abbildung 6.13 Nicht-planarer Druck der sinusförmigen Oberfläche mit 14 Schichten und einer Druckzeit von 82 s

Im Gegensatz zum planaren Druck ist hier die Oberfläche wieder glatt und es tritt kein Stufeneffekt auf.

6.6 Vergleich der Druckzeiten

Um jeweils den planaren und nicht-planaren Druck noch besser zu vergleichen, sind in Tabelle 6.2 alle Druckzeiten und Schichtzahlen angegeben. Der nicht-planare Druck hat in jedem Fall weniger Zeit in Anspruch genommen. Das ist vor allem der Anzahl der Schichten geschuldet, die auch in jedem Fall geringer ist. Ein Grund dafür ist, dass für die nicht-planaren Drucke eine größere Schichtdicke d_{max} zugelassen wird: 0, 4 mm im Gegensatz zu 0, 2 mm.

Würden die planaren Drucke auch mit einer Schichtdicke von 0, 4 mm gefertigt werden, so würde sich zwar die Druckzeit verringern, jedoch würde die Oberflächenqualität weiter sinken, da die Stufen noch größer werden würden (siehe Gleichung 2.1). Eine Schichthöhe von 0, 2 mm stellt einen Kompromiss zwischen Druckzeit

Tabelle 6.2 Vergleich der Druckzeiten und Anzahl der Schichten

	Druckzeit		Anzahl Schichten	
Oberfläche	planar	nicht-planar	planar	nicht-planar
Schräg	215 s	150 s	49	26
Parabolisch	214 s	181 s	59	31
Sinusförmig	120 s	82 s	24	14

und Oberflächenqualität dar, der mit einem nicht-planaren Ansatz nicht eingegangen werden muss.

6.7 Vergleich Berechnung des Volumenflusses

In Abschnitt 5.3 wurde der Volumenfluss des Filaments analytisch hergeleitet. Die daraus hervorgehende Formel kann beim Lösen des Optimalsteuerungsproblems integriert werden, um das während des Drucks nötige Volumen direkt zu bestimmen (siehe Gleichung 5.9). Diese Art der Berechnung wird im Folgenden als *analytisch* bezeichnet. In Abschnitt 5.4 wird ein alternatives Verfahren entwickelt, mit dem das Volumen anhand einer gegebenen Lösung berechnet werden kann. Im Folgenden als *numerisch* bezeichnet. Diese beiden Verfahren sollen nun verglichen werden. Zunächst wird exemplarisch die siebte Schicht L_7 der Lösung zur sinusförmigen Oberfläche herangezogen. Diese ist zusammen mit der vorherigen sechsten Schicht in Abbildung 6.14 dargestellt.

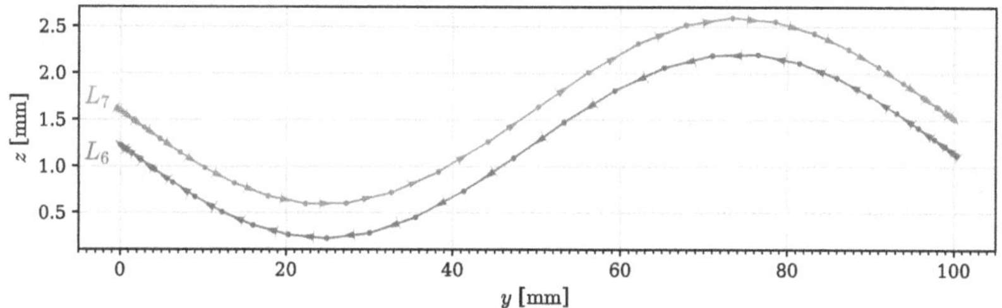

Abbildung 6.14 Schichten 6 und 7 der Lösung für die sinusförmige Oberfläche

Mit beiden Verfahren wird jeweils das kumulative Volumen berechnet, also für jeden Zeitschritt das Volumen an Filament, das seit dem ersten Zeitschritt benötigt wurde.

Die Resultate der beiden Verfahren für die betrachtete Schicht sind in Abbildung 6.15(a) zu sehen. Tatsächlich sind die Abweichungen sehr gering und hier kaum zu erkennen. In Abbildung 6.15(b) ist daher jeweils die Ableitung, also der Volumenfluss φ dargestellt. Hier ist gerade zwischen $t = 2$ s und $t = 4$ s eine Differenz zu erkennen. Während numerisch bei $t = 2,5$ s ein höherer Fluss errechnet wird, ergibt sich analytisch bei $t = 3,5$ s ein höherer Fluss. Das Volumen für die gesamte Schicht ist allerdings bei beiden Verfahren gleich, was wiederum in (a) zu sehen ist.

Es wird lediglich unterschiedlich über die Schicht verteilt, wobei die Differenz sehr gering ist.

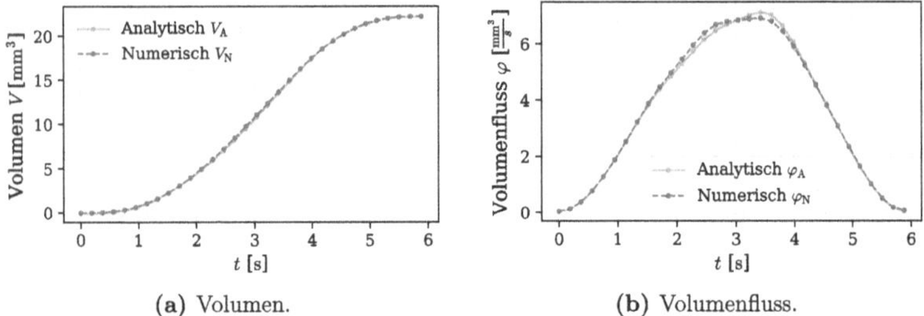

(a) Volumen. (b) Volumenfluss.

Abbildung 6.15 Volumen und Volumenfluss per Integration der analytischen Formel und numerischer Berechnung anhand der gegebenen Lösung

Um das besser zu quantifizieren, ist in Abbildung 6.16 die Differenz der beiden Werte über alle Zeitschritte aller Schichten der sinusförmigen Oberfläche als Histogramm dargestellt. Insgesamt also über $14 \cdot 32 = 448$ Zeitschritte. Der Mittelwert der Abweichung liegt bei $\varnothing = -0,003\frac{\text{mm}^3}{s}$ und die Standardabweichung beträgt ca. $0,39\frac{\text{mm}^3}{s}$. Die Ergebnisse beider Verfahren liegen also sehr dicht beieinander und wie in Abbildung 6.16 zu sehen ist, liegen die Abweichungen auch symmetrisch um 0. Somit können beide Verfahren gleichermaßen angewendet werden.

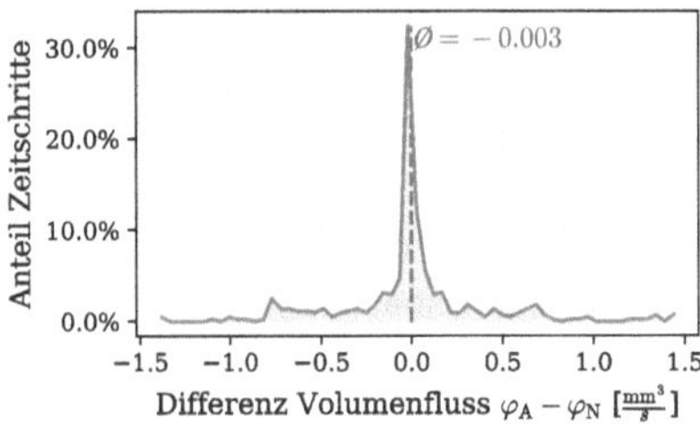

Abbildung 6.16 Abweichung der analytischen und numerischen Berechnung des Volumenflusses pro Zeitpunkt über alle Schichten

6.8 Approximation einer Pareto-Front

Um genauer zu untersuchen, welchen Einfluss die verschiedenen Kriterien auf die Lösung haben, soll hier exemplarisch eine Pareto-Front generiert werden. Als Beispiel dient die erste Schicht der schrägen Oberfläche aus Abschnitt 6.3. Wie zuvor werden hier $M = 32$ diskrete Zeitschritte verwendet. Allerdings wird die maximale Schichtdicke zur besseren Anschauung erhöht auf $d_{\max} = 2\,\text{mm}$. Betrachtet werden sollen die Kriterien f_1 aus (5.4) und f_2 aus (5.5), also der mittlere quadratische Abstand der Schicht zur Oberfläche und die mittlere quadratische Differenz der Gradienten.

6.8.1 Anwendung des Verfahrens der gewichteten Summe

Zunächst soll das Verfahren der gewichteten Summe angewendet werden. Da das eigentliche Problem $N = 6$ Kriterien hat, hier aber nur zwei betrachtet werden, muss festgelegt werden, wie mit den übrigen Kriterien umgegangen wird. Die Differenz des maximalen und minimalen quadratischen Abstands zwischen Schicht und Oberfläche f_3 wird vernachlässigt, indem $\alpha_3 = 0$ gesetzt wird. Die Kriterien der Endzeit f_4, der z-Dynamik f_5 und der y-Dynamik f_6 sind jedoch vonnöten, um eine plausible Lösung zu erhalten und können deswegen nicht vernachlässigt werden. Stattdessen werden die zugehörigen Gewichte im Folgenden konstant auf den zuvor verwendeten Werten $\alpha_4 = 10$, $\alpha_5 = \alpha_6 = 0,01$ gehalten. So haben diese Kriterien einen möglichst identischen Einfluss auf alle hier gezeigten Lösungen, sodass Unterschiede in den Lösungen zunächst auf den veränderten Einfluss der zwei betrachteten Kriterien zurückgeführt werden können.

Im ersten Schritt wird die Pay-off-Matrix aus Definition 3.11 berechnet. Für die Berechnung von F_1^* werden $\alpha_1 = 1$ und $\alpha_2 = 0$ gesetzt und dann das Optimierungsproblem gelöst – für F_2^* entsprechend $\alpha_1 = 0$ und $\alpha_2 = 1$. Es ergibt sich aus den beiden Lösungen die Pay-off-Matrix

$$\Psi = \left(F_1^*, F_2^*\right) = \begin{pmatrix} f_1(x_1^*) & f_1(x_2^*) \\ f_2(x_1^*) & f_2(x_2^*) \end{pmatrix} \approx \begin{pmatrix} 24,392 & 25,786 \\ 0,0064 & 0,0054 \end{pmatrix}.$$

Anhand dieser werden die Kriterien skaliert, um für eine bessere Konditionierung des Problems zu sorgen. Dazu wird die Gegendiagonale genutzt, also skaliert mit

$$f_1 \leftarrow \frac{f_1}{f_1(x_2^*)} \approx \frac{f_1}{25,786} \quad \text{und} \quad f_2 \leftarrow \frac{f_2}{f_2(x_1^*)} \approx \frac{f_2}{0,0064}.$$

Diese Skalierung entspricht zum einen der aus dem AWS-Verfahren – der dort genutzte Nadir-Punkt (3.14) führt zum selben Ergebnis, da im Allgemeinen $f_i(x_i^*) \leq f_i(x_j^*)$ für $i \neq j$ gilt (siehe Definition 3.11). Zum anderen schlagen Das und Dennis für den NBI-Algorithmus bei $N = 2$ ebenfalls diese Skalierung vor [7].

Nun wird das Problem 16-mal gelöst, wobei als Gewichte für f_1 und f_2 baryzentrische Koordinaten, wie in (3.15) notiert, genutzt werden. Für die erste Optimierung wird die Standard-Startschätzung verwendet, wie sie in Unterabschnitt 5.2.6 beschrieben wird – für jede weitere die jeweils vorherige Lösung. Motivation hierfür ist die Überlegung, dass für nahe beieinanderliegende Gewichte auch die Lösungen nahe beieinanderliegen.

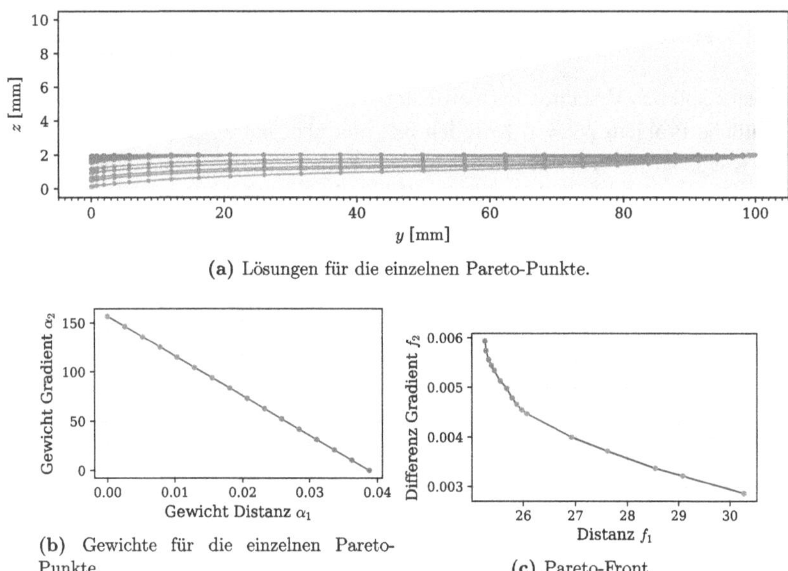

(a) Lösungen für die einzelnen Pareto-Punkte.

(b) Gewichte für die einzelnen Pareto-Punkte.

(c) Pareto-Front.

Abbildung 6.17 Pareto-Front für die erste Schicht der schrägen Oberfläche mit dem Verfahren der gewichteten Summe generiert

Es wird sich nun auf Abbildung 6.17 bezogen. Hier sind in (a) die einzelnen Lösungen dargestellt, in (b) die zugehörigen Gewichte – multipliziert mit den Skalierungsfaktoren – und in (c) die generierte Pareto-Front. Von der ersten Lösung für $\alpha_1 = 1$ und $\alpha_2 = 0$ bis zur letzten für $\alpha_1 = 0$ und $\alpha_2 = 1$ ist hier jedes zugehörige Element von blau bis grün eingefärbt.

Wird nur die Distanz zur Oberfläche minimiert und die Differenz der Gradienten außer Acht gelassen ($\alpha_2 = 0$), so entspricht die Lösung einer geraden Schicht mit einer maximalen Schichtdicke von 2 mm. Das ist die erste Lösung. Diese liefert den höchsten Punkt auf der Pareto-Front. Mit zunehmender Gewichtung auf die Differenz der Gradienten entsteht eine zunehmend schräge Schicht. Für die letzte Lösung beginnt die Schicht bei $y = 0$ mit einer Höhe von nahezu 0 mm und endet bei $y = 100$ mit einer Höhe von 2 mm. So entsteht der Punkt an der rechten Spitze der Pareto-Front.

Bei $f_2 \approx 0,005$ weist die Pareto-Front eine leichte Nicht-Konvexität auf. Da mit dem Verfahren der gewichteten Summe keine Pareto-Punkte auf einem nicht-konvexen Teil gefunden werden können, weist das darauf hin, dass hier der Algorithmus gegen ein lokales Minimum konvergiert und der gefundene Punkt kein Pareto-Punkt ist.

6.8.2 Das Zusammenspiel mehrerer Kriterien

Auffällig ist, dass hier für f_2 ein minimaler Wert von $f_2 \approx 0,0029$ erzielt wird. Dieser ist deutlich geringer als der zuvor für die Pay-off-Matrix errechnete Wert $f_2(x_2^*) \approx 0,0054$, obwohl in beiden Fällen $\alpha_1 = 0$ und $\alpha_2 > 0$ gilt. Unter der Betrachtung einzig dieser beider Kriterien müssten die Werte identisch sein. Um dies weiter zu untersuchen, werden die Kriterien f_4, f_5 und f_6 herangezogen und in Relation zum betrachteten Kriterium, der Differenz der Gradienten, gesetzt (siehe Abbildung 6.18).

Wie für eine Pareto-Front sind hier die Werte zweiter Kriterien für verschiedene Lösungen gegenübergestellt – allerdings jeweils der Wert der Zeit f_4 (a), der Wert der z-Dynamik f_5 (b) und der Wert der y-Dynamik f_6 (c) in Abhängigkeit von dem Wert der Differenz der Gradienten f_2. In (d) ist dann die gewichtete Summe dieser drei restlichen Kriterien in Abhängigkeit von f_2 dargestellt.

Es ist erkennbar, dass sich die Zeit f_4 für die verschiedenen Lösungen kaum unterscheidet. Die y-Dynamik zeigt eine steigende Tendenz für eine zunehmende Differenz der Gradienten. Das bedeutet, diese beiden Kriterien verhalten sich in erster Näherung proportional zueinander. Die gewichtete Summe hingegen verhält sich stark kontradiktorisch zu f_2. Das ist vor allem auf die z-Dynamik zurückzuführen, denn aufgrund der Gewichtung tragen f_4 und f_6 hier bis auf einen vernachlässigbaren Teil nur eine additive Komponente bei, die für jede Lösung nahezu gleich ausfällt. So sehen sich die Kurven aus (d) und (b) sehr ähnlich.

Die Relation der Differenz der Gradienten zur z-Dynamik lässt sich auch physikalisch erklären. Soll der Gradient der Schicht dem Gradienten der schrägen Ober-

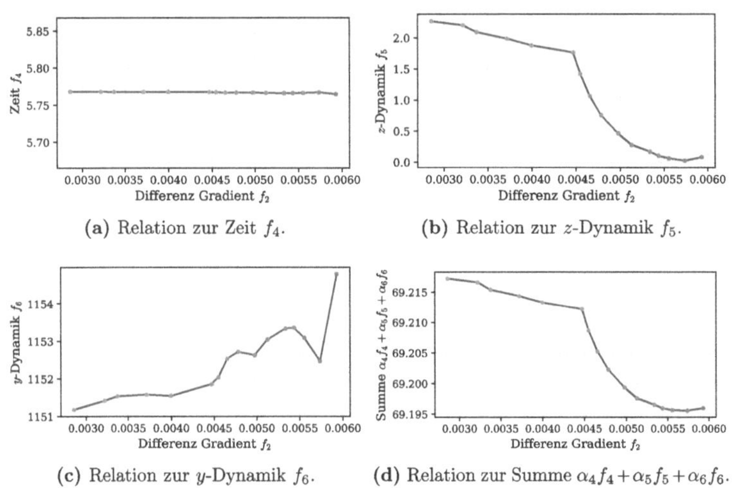

(a) Relation zur Zeit f_4.

(b) Relation zur z-Dynamik f_5.

(c) Relation zur y-Dynamik f_6.

(d) Relation zur Summe $\alpha_4 f_4 + \alpha_5 f_5 + \alpha_6 f_6$.

Abbildung 6.18 Relation der Differenz der Gradienten f_2 zu den restlichen Kriterien f_4, f_5 und f_6

fläche möglichst nahekommen, so muss sich der Druckkopf ebenfalls auf einer schrägen Bahn bewegen. Dazu muss die z-Achse bewegt werden, was höhere Werte für den Ruck j_z erfordert. Es ist

$$f_5 = \int_0^T j_z(s)^2 \, \mathrm{d}s,$$

also ist f_5 größer, je mehr der Druckkopf in z-Richtung bewegt wird.

Hiermit kann nun die Diskrepanz der zwei Werte für f_2 erklärt werden. Der Unterschied besteht in dem genutzten Wert für α_2. Für die Berechnung von Ψ wird $\alpha_2 = 1$ verwendet und für die Berechnung des letzten Pareto-Punktes $\alpha_2 \approx 157$. In Relation zu $\alpha_1 = 0$ ist dieser Unterschied unerheblich, denn hätte das Problem nur die Kriterien f_1 und f_2, so würden die Lösungen für alle Werte $\alpha_2 > 0$ bei $\alpha_1 = 0$ identisch sein. Jedoch ändert sich das Verhältnis von α_2 zu den übrigen Gewichten, insbesondere zu α_5. Da sich f_2 und f_5 kontradiktorisch verhalten, sorgt ein größerer Quotient $\frac{\alpha_2}{\alpha_5}$ für einen geringeren Wert von f_2.

Diese Diskussion der Diskrepanz zweier Werte veranschaulicht gut die Komplexität von multikriteriellen Optimierungsproblemen. Zwei Kriterien können hier nur bedingt isoliert von allen anderen untersucht werden, da die übrigen Kriterien nicht vollständig eliminiert werden können und diese so einen Einfluss auf die Lösung haben.

6.8.3 Anwendung des AWS-Verfahrens

Die Pareto-Front aus Abbildung 6.17(c) konnte trotz der Nutzung äquidistanter Gewichte und passender Skalierung nicht äquidistant approximiert werden. Im Bereich $26 < f_1 < 30$ sind relativ große Lücken vorhanden. Diese sollen nun unter Verwendung des AWS-Verfahrens weiter geschlossen werden. Dazu wird eine Iteration des Verfahrens mit den Parametern $\varepsilon = 0,05$ und $C = 1$ durchgeführt.

Zunächst werden die Lücken bestimmt, in denen mehr Lösungen berechnet werden sollen und wie viele jeweils. In Abbildung 6.19 sind diese Lücken mit orangen Rechtecken markiert. Die Zahl über einem Rechteck gibt jeweils die Anzahl der zusätzlich zu berechnenden Lösungen an.

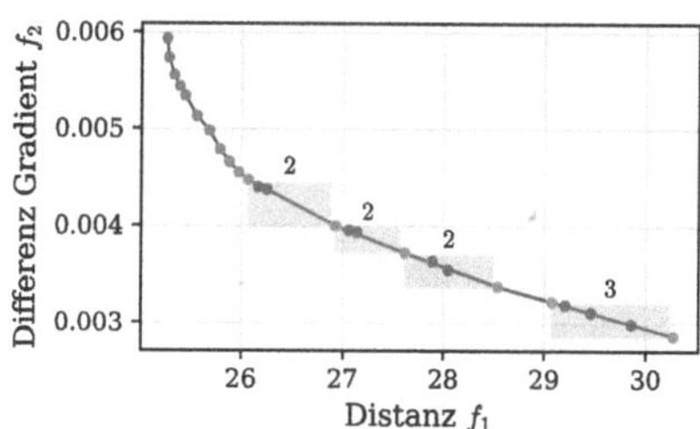

Abbildung 6.19 Pareto-Front mit dem AWS-Verfahren erweitert

Die obere und die rechte Kante eines Rechtecks zeigen die zusätzlichen Nebenbedingungen aus dem modifizierten Optimierungsproblem (3.16). Die untere und die linke Kante grenzen den Bereich ein, in dem eine Lösung liegen kann. Denn unter der Voraussetzung, dass alle gefundenen Punkte tatsächlich Pareto-Punkte sind, kann keine Lösung außerhalb dieses Bereichs liegen, da eine solche Lösung mindestens eine andere Lösung dominieren würde.

Seien $\alpha^{(1)} \in \mathbb{R}^2$ und $\alpha^{(2)} \in \mathbb{R}^2$ die Gewichtsvektoren, die für die zwei, eine Lücke umschließenden Punkte genutzt wurden, und n_i die Anzahl, der in dieser Lücke zu berechnenden weiteren Lösungen. Dann werden dazu n_i Gewichtsvektoren gewählt, die äquidistant zwischen $\alpha^{(1)}$ und $\alpha^{(2)}$ liegen. Mit

$$\Delta\alpha = \frac{1}{n_i + 1} \cdot \left(\alpha^{(2)} - \alpha^{(1)}\right) \in \mathbb{R}^2$$

also die Gewichtsvektoren

$$\left\{\alpha^{(1)} + \Delta\alpha, \ldots, \alpha^{(2)} - \Delta\alpha\right\} \subset [0, 1]^2.$$

Als Startschätzung dient jeweils die zum linken Punkt gehörende Lösung. Wird nun das modifizierte Optimierungsproblem (3.16) für jede Lücke entsprechend oft gelöst, so entstehen weitere Punkte auf der Pareto-Front, die in Abbildung 6.19 rot eingezeichnet sind. Die ersten beiden Lücken werden mit dieser Methode nicht besonders gut aufgefüllt. Die Punkte liegen jeweils sehr weit links. Für die letzten beiden Lücken werden Punkte gefunden, die gleichmäßiger verteilt sind. Hier kann die Approximation der Pareto-Front deutlich verbessert werden.

6.9 Die Rückkehr der dritten Dimension

Wie in Abschnitt 5.1 beschrieben, wurde zur Vereinfachung der Problemstellung eine Dimension vernachlässigt. Die Betrachtung von nur zwei Dimensionen schränkt die Praxistauglichkeit der entwickelten Optimalsteuerung in dieser Form vor dem Hintergrund eines dreidimensionalen Herstellungsprozesses ein. Hier wird nun ein Ansatz dafür gegeben, wie diese Beschränkung aufgehoben und das Verfahren entsprechend angepasst werden kann, sodass es auch auf dreidimensionale Objekte angewendet werden könnten.

Um ein Objekt schichtweise aufzubauen, muss sich der Druckkopf parallel zur Druckplattform (in y-Richtung) über die gesamte Grundfläche des Objekts bewegen. Im zweidimensionalen Fall gibt es dafür genau zwei Möglichkeiten: von links nach rechts oder von rechts nach links. Im Dreidimensionalen hat das Objekt allerdings eine zweidimensionale Grundfläche. Hier gibt es viele Möglichkeiten, wie diese abgedeckt werden könnte.

In bestehender Slicer-Software wird dazu häufig ein Zickzack-Pfad gewählt. Ein Beispiel dafür ist in Abbildung 6.20(a) dargestellt. Als Grundfläche dient hier der Kreis um den Mittelpunkt $M = \left(10, 10\right)$ mit einem Radius von $R = 10\,\text{mm}$:

$$G := \left\{\left(y_1, y_2\right) \in \mathbb{R}^2 : (y_1 - M_1)^2 + (y_2 - M_2)^2 \leq R^2\right\}. \tag{6.2}$$

Der Pfad ist so gewählt, dass benachbarte Linien einen Abstand von $0,6\,\text{mm}$ zueinander haben und rundherum einen Abstand von $0,3\,\text{mm}$ zum Rand der Kreisfläche haben. Damit eignet sich der Pfad zum Druck mit einer 0, 6 mm Nozzle. Das extrudierte Filament – in der Abbildung hellblau eingezeichnet – füllt so die Grundfläche bis auf einige Lücken am Rand aus.

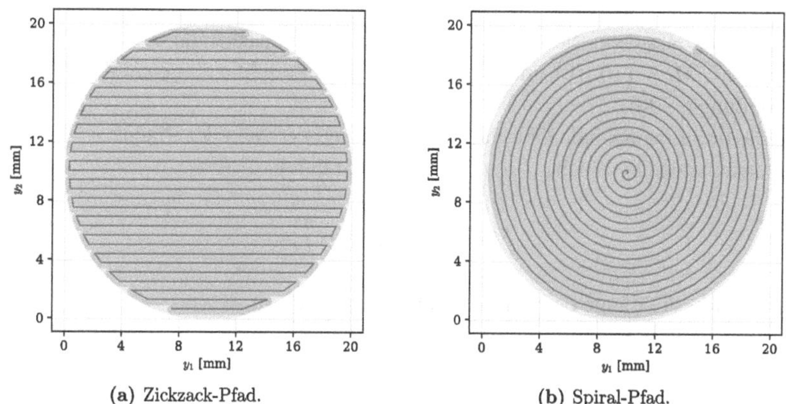

(a) Zickzack-Pfad. (b) Spiral-Pfad.

Abbildung 6.20 Pfade, die eine kreisförmige Grundfläche mit einem Linienabstand von 0, 6 mm füllen

Alternativ kann auch eine Spirale als Pfad genutzt werden, was sich gerade bei einer kreisförmigen Grundfläche anbietet. Ein solcher Pfad ist in Abbildung 6.20(b) zu sehen. Auch dieser ist so gewählt, dass benachbarte Linien einen Abstand von 0, 6 mm zueinander haben und der Abstand zum Rand mindestens 0, 3 mm beträgt. Genauso wie bei dem Zickzack-Pfad existieren auch hier Regionen, die nicht mit Filament gefüllt werden. In beiden Fällen ließen sich diese Lücken durch zusätzliche überlappende Pfade schließen, bei denen der Volumenfluss des Filaments auf eine schmalere Extrusion angepasst wird.

Insbesondere für komplexere Formen wäre auch eine Optimalsteuerung denkbar, die einen solchen zweidimensionalen Pfad berechnet, oder eine Erweiterung der hier entwickelten Optimalsteuerung, mit der direkt dreidimensionale Pfade berechnet werden. Der hier gewählte Ansatz besteht nun aber darin, das dreidimensionale Objekt entlang eines definierten Pfades zu „entfalten" und so in ein zweidimensionales Objekt zu überführen.

Sei dazu die Oberfläche des Objekts gegeben als $S_{3\mathrm{D}} : G \to \mathbb{R}_+$, wobei das zusammenhängende, endliche Gebiet $G \subset \mathbb{R}^2$ die Grundfläche ist – wie beispielsweise der Kreis in Abbildung 6.20. Es sei dann der Pfad gegeben als parametrisierte Kurve im $\mathbb{R}^2$, also $\gamma : [0, 1] \to G$ stetig. Beispielsweise lässt sich eine Spirale wie in Abbildung 6.20(b) als parametrisierte Kurve darstellen durch

$$\gamma(s) := \begin{pmatrix} sR\cos\left(2s\frac{R}{\delta}\pi\right) \\ sR\sin\left(2s\frac{R}{\delta}\pi\right) \end{pmatrix} + M, \tag{6.3}$$

mit Radius $R \in \mathbb{R}_+$, Mittelpunkt $M \in \mathbb{R}^2$ und Linienabstand $\delta \in \mathbb{R}_+$. Werden $R = 9,7$, $M = \left(10, 10\right)$ und $\delta = 0,6$ gesetzt, so ergibt sich genau der Pfad aus Abbildung 6.20(b).

Die dreidimensionale Oberfläche $S_{3\mathrm{D}}$ kann nun entlang des Pfades γ zur zweidimensionalen Oberfläche S „entfaltet“ werden durch

$$S(y) := S_{3\mathrm{D}}\left(\gamma\left(\tfrac{y}{l_\gamma}\right)\right).$$

Dabei ist l_γ die Länge des Pfades und berechnet sich zu

$$l_\gamma := \int_0^1 \left|\gamma'(s)\right| \, \mathrm{d}s.$$

Dieses Vorgehen kann auch als Projektion des Pfades γ auf die Oberfläche $S_{3\mathrm{D}}$ verstanden werden. Die „virtuelle“ Oberfläche S kann nun wie in den vorherigen Kapiteln als $S : [y_{\min}, y_{\max}] \to \mathbb{R}_+$ mit $y_{\min} = 0$ und $y_{\max} = l_\gamma$ behandelt werden (Vergleiche Gleichung 5.2). Zu beachten ist, dass durch den gewählten Linienabstand δ eine Quantisierung senkrecht zum Pfad stattfindet.

Zur Veranschaulichung soll nun die Sattel-förmige Oberfläche $S_{3\mathrm{D}} : G \to \mathbb{R}$, beschrieben durch

$$S_{3\mathrm{D}}(y_1, y_2) := 2 + 0,01 \cdot \left((y_1 - 10)^2 - (y_2 - 10)^2\right),$$

mit der Grundfläche G aus (6.2) betrachtet werden. Diese ist in Abbildung 6.21(a) dargestellt.

Als Pfad dient die in Gleichung 6.3 definierte und in Abbildung 6.20(b) dargestellte Spirale. Wird dieser Pfad auf die Oberfläche projiziert, entsteht die in Abbildung 6.21(b) dargestellte Kurve. Die entlang des Pfades entfaltete Oberfläche ist in Abbildung 6.22 zu sehen. Für dieses Beispiel ergibt sich $y_{\max} \approx 492\,\mathrm{mm}$.

An dieser Stelle ist die Überführung abgeschlossen und es kann ein Optimalsteuerungsproblem in der bekannten Form aufgestellt werden. Das entstehende Problem ist allerdings sehr groß. Zur Darstellung des Pfades und der Oberfläche wurden hier 512 Punkte gewählt. Eine geringere Anzahl führt zu einer nicht mehr akzep-

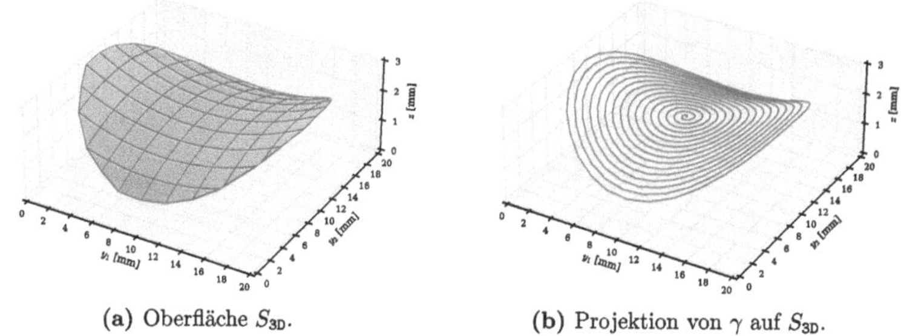

(a) Oberfläche S_{3D}.

(b) Projektion von γ auf S_{3D}.

Abbildung 6.21 Dreidimensionale Sattel-Oberfläche und Projektion des Spiral-Pfades

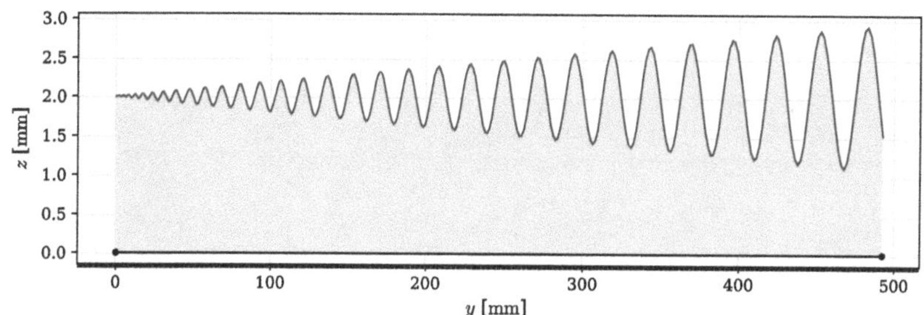

Abbildung 6.22 Entfaltete Sattel-Oberfläche

tablen Darstellungsgenauigkeit. Das Optimalsteuerungsproblem müsste mit einer ähnlichen Anzahl diskreter Punkte gelöst werden, damit die Oberfläche als Schicht abgebildet werden kann. Die aktuelle Implementierung und zur Verfügung stehende Rechenleistung ist nicht dafür geeignet, ein Problem dieser Größe in annehmbarer Zeit zu lösen.

Ebenso problematisch wäre die Rückführung der Lösung auf dreidimensionale Pfade. Die berechneten Bewegungen in y-Richtung würden als Bewegungen in Pfad-Richtung umgesetzt werden. Da dieser aber gekrümmt und nicht parallel zu den Achsen des Druckers verläuft, stimmten die verwendeten Bewegungsgleichungen aus (5.1) nicht mit der Realität überein. Abhilfe könnte die Verwendung eines Pfades schaffen, der zumindest Abschnittsweise parallel zu den Achsen verläuft – wie der in Abbildung 6.20(a) gezeigte Zickzack-Pfad. Jedoch müssten zur exakten Umsetzung weitere Nebenbedingungen eingeführt werden, die z. B. die Geschwindigkeit an den Punkten, in denen die Bewegungsrichtung geändert wird, auf 0 setzen.

7 Abschluss und Ausblick

Zusammenfassung
Es folgt eine kurze Rekapitulation der Arbeit. Das Ziel war es, Methoden der multikriteriellen Optimalsteuerung auf den nicht-planaren 3D-Druck anzuwenden. Dazu wurde in Kapitel 2 zunächst der 3D-Druck als additives Fertigungsverfahren vorgestellt. Das Funktionsprinzip von fünf der gängigsten 3D-Druckverfahren wurde erläutert. Darin enthalten ist auch das FDM-Verfahren, auf welches sich in dieser Arbeit bezogen wurde. Das FDM-Verfahren arbeitet, ebenso wie die anderen Verfahren, für gewöhnlich mit planaren Schichten. Die Probleme, die dabei auftreten können, wurden aufgezeigt und als mögliche Lösung der nicht-planare 3D-Druck vorgestellt. Den Abschluss dieser Einführung bildet ein Abschnitt über den G-Code, der die Schnittstelle zur Maschine bildet.

In Kapitel 3 wurde dann die Optimierung zunächst analytisch vorgestellt und der Begriff der Optimalität definiert, bevor im zweiten Abschnitt die Theorie numerischer Optimierungsmethoden am Beispiel des SQP-Verfahrens aufgearbeitet wurde. Abschnitt 3.3 ist dann der Theorie der multikriteriellen Optimierung gewidmet. Analog zur skalaren Optimierung wurde im nächsten Abschnitt die numerische Lösung multikriterieller Optimierungsprobleme behandelt, wozu drei Verfahren beschrieben wurden.

Die Brücke zur Optimalsteuerung wurde in Kapitel 4 geschlagen. Auch diese wurde zunächst analytisch und dann numerisch betrachtet.

Kapitel 5 gilt dann der Anwendung. Nachdem ein mathematisches Modell des 3D-Druckers aufgestellt wurde, konnte die Aufgabe des nicht-planaren 3D-Drucks als Optimalsteuerungsproblem formuliert werden. Im Anschluss wurden zwei Verfahren zur Berechnung des Volumenflusses des Filaments entwickelt sowie die

M. Walther, *Multikriterielle Optimalsteuerung am Beispiel des nicht-planaren 3D-Drucks*, BestMasters,
https://doi.org/10.1007/978-3-658-50408-3_7

Behandlung von Kollisionen beschrieben und erarbeitet, wie die Bewegungsrichtung des Druckkopfes pro Schicht umgekehrt werden kann.

In Kapitel 6 wurden die Ergebnisse der entwickelten Verfahren diskutiert. Hauptbestandteil ist hier, für verschiedene Oberflächen jeweils einen planaren Druck mit einem nicht-planaren zu vergleichen. Zudem wurden die beiden Verfahren zur Berechnung des Volumenflusses verglichen und zwei der beschriebenen Verfahren zur Lösung multikriterieller Optimierungsprobleme genutzt, um eine Pareto-Front zu approximieren. Abschließend wurde ein Ansatz dafür gegeben, wie die Beschränkung des Verfahrens auf zwei Dimensionen aufgehoben werden kann und so auch dreidimensionale Objekte behandelt werden könnten.

Ausblick

Der 3D-Druck hat sich mittlerweile zu einer weit verbreiteten Fertigungsmethode entwickelt, die durch ihre hohe Flexibilität der zunehmenden Entwicklungsgeschwindigkeit in Industrie und Technik bestens angepasst zu sein scheint. Eine stetig wachsende Auswahl an Materialien und die fortlaufende Innovation der Druckverfahren selbst, lassen eine immer breitere Palette von Teilen zu, die mit 3D-Druckern hergestellt werden können. Diese reicht von Prototypen im Bereich der Produktentwicklung bis zu Endprodukten, die für den Konsumenten bestimmt sind.

Werden die Maschinen in ihren mechanischen Eigenschaften immer besser, so braucht es auch entsprechende Software, die dieses neu erschlossene Potenzial ausschöpfen kann. Der nicht-planare 3D-Druck ist ein Paradebeispiel dafür, wie einem technischen Verfahren nur durch Anpassungen in der Software eine neue Dimension der Möglichkeiten verliehen werden kann. Obgleich bisherige Ansätze noch eher experimentellen Charakter haben, ist der nicht-planare 3D-Druck doch Teil der aktuellen Forschung und damit eine Technologie der nahen Zukunft.

Wird der nicht-planare 3D-Druck zusammengebracht mit Methoden der Optimalsteuerung, so ergibt sich ein abstraktes Verfahren, welches einen hohen Automatisierungsgrad ermöglichen kann. Es muss vom Menschen keine Vielzahl technischer Parameter eingestellt werden, um ein gutes Ergebnis zu erhalten. Stattdessen sorgt der Computer dafür, dass das bestmögliche Ergebnis erzielt wird. Dem Menschen sind damit mehr Freiheiten gelassen, sodass dieser sich auf seinen kreativen Prozess konzentrieren und weitere Innovationen schaffen kann.

Literatur

[1] D. Ahlers u. a. „3D Printing of Nonplanar Layers for Smooth Surface Generation“. In: *2019 IEEE 15th International Conference on Automation Science and Engineering (CASE)*. 2019, S. 1737–1743.

[2] J. T. Bettes. „Survey of Numerical Methods for Trajectory Optimization“. In: *Journal of Guidance, Control and Dynamics* 21.2 (1998), S. 193–207.

[3] Bundesministerium für Bildung und Forschung. *Industrie 4.0*. https://www.bmbf.de/bmbf/de/forschung/digitale-wirtschaft-und-gesellschaft/industrie-4-0/industrie-4-0.html. Aufgerufen am 29.03.2024. 2016.

[4] C. Büskens. *WORHP, Development and Documentation of the SQP Part*. Zentrum für Technomathematik, Universität Bremen. 2007.

[5] C. Büskens und M. Knauer. *TransWORHP Benutzerhandbuch*. Steinbeis-Forschungszentrum Optimierung, Steuerung und Regelung. 2017.

[6] A. M. Cendrero u. a. „Benefits of Non-Planar Printing Strategies Towards Eco-Efficient 3D Printing“. In: *Sustainability* 13.4 (2021).

[7] I. Das und J. E. Dennis. „Normal-Boundary Intersection: A new method for generating the Pareto surface in nonlinear multicriteria optimization problems“. In: *SIAM Journal on Optimization* 8.3 (1998), S. 631–657.

[8] W.C. Emmens, G. Sebastiani und A.H. van den Boogaard. „The technology of Incremental Sheet Forming—A brief review of the history“. In: *Journal of Materials Processing Technology* 210.8 (2010), S. 981–997.

[9] A. H. Fritz. *Fertigungstechnik*. 12. Auflage. Berlin, Heidelberg: Springer Vieweg, 2018.

[10] A. Gebhardt. *Additive Fertigungsverfahren*. 5. Auflage. München: Carl Hanser Verlag, 2016.

[11] C. Geiger und C. Kanzow. *Theorie und Numerik restringierter Optimierungsaufgaben*. Berlin, Heidelberg: Springer, 2019.

[12] A. Gleadall. „FullControl GCode Designer: Open-source software for unconstrained design in additive manufacturing“. In: *Additive Manufacturing* 46 (2021), S. 102109.

[13] S. Gottschalk, M. C. Lin und D. Manocha. „OBBTree: A hierarchical structure for rapid interference detection“. In: *Proceedings of the 23rd annual* conference on Computer graphics and interactive techniques. 1996, S. 171–180.

[14] R. Hollstein. *Optimierungsmethoden*. 1. Auflage. Linnich: Springer Vieweg Wiesbaden, 2023.

M. Walther, *Multikriterielle Optimalsteuerung am Beispiel des nicht-planaren 3D-Drucks*, BestMasters,
https://doi.org/10.1007/978-3-658-50408-3

[15] F. Hong u. a. „Open5x: Accessible 5-axis 3D printing and conformal slicing“. In: *Extended Abstracts of the 2022 CHI Conference on Human Factors in Computing Systems*. CHI EA ’22. New Orleans, LA, USA: Association for Computing Machinery, 2022.

[16] *HP Multi Jet Fusion Technologie*. https://www.hp.com/de-de/printers/3d-printers/products/multi-jet-technology.html. Aufgerufen am 06.12.2023.

[17] F. Jarre und J. Stoer. *Optimierung, Einführung in mathematische Theorie und Methoden*. 2. Auflage. Berlin: Springer Spektrum, 2019.

[18] D. Jungnickel. *Optimierungsmethoden, Einführung*. 3. Auflage. Berlin, Heidelberg: Springer Spektrum, 2015.

[19] E. Sachyani Keneth u. a. „3D Printing Materials for Soft Robotics“. In: *Advanced Materials* 33.19 (2021), S. 2003387.

[20] I. Y. Kim und O. L. de Weck. „Adaptive weighted sum method for multiobjective optimization: A new method for Pareto front generation“. In: *Structural and Multidisciplinary Optimization* 31 (2006), S. 105–116.

[21] I. Y. Kim und O. L. de Weck. „Adaptive weighted-sum method for bi-objective optimization: Pareto front generation“. In: *Structural and Multidisciplinary Optimization* 29 (2005), S. 149–158.

[22] M. Knauer und C. Büskens. „Real-Time Optimal Control Using TransWORHP and WORHP Zen“. In: *Modeling and Optimization in Space Engineering : State of the Art and New Challenges*. Hrsg. von Giorgio Fasano und János D. Pintér. Cham: Springer International Publishing, 2019, S. 211–232.

[23] T. Kramer, F. Proctor und E. Messina. *The NIST RS274NGC Interpreter*. 2000.

[24] *Marlin G-code Index*. https://marlinfw.org/meta/gcode/. Aufgerufen am 11.04.2024.

[25] B. Mirtich. „V-Clip: Fast and Robust Polyhedral Collision Detection“. In: *ACM Transactions On Graphics (TOG)* 17.3 (1998), S. 177–208.

[26] J. O’Connell. *Non-Planar 3D Printing: All You Need to Know*. https://all3dp.com/2/non-planar-3d-printing-simply-explained/. Aufgerufen am 16.04.2024. 2021.

[27] M. Papageorgiou, M. Leibold und M. Buss. *Optimierung, Statische, dynamische, stochastische Verfahren für die Anwendung*. 4. Auflage. Berlin, Heidelberg: Springer Vieweg, 2015.

[28] T. Schmertosch und M. Krabbes. *Automatisierung 4.0: objektorientierte Entwicklung modularer Maschinen für die digitale Produktion*. Hanser, 2018.

[29] M. Schmid. *Additive Fertigung mit Selektivem Lasersintern (SLS): Prozess-und Werkstoffüberblick*. Wiesbaden: Springer Vieweg, 2015.

[30] *Trajectory Planning for Conformal 3D Printing Using Non-Planar Layers*. Bd. Volume 1A: 38th Computers and Information in Engineering Conference. International Design Engineering Technical Conferences and Computers and Information in Engineering Conference. 2018, V01AT02A026.

[31] *Users’ Guide to WORHP 1.14*. Steinbeis-Forschungszentrum Optimierung, Steuerung und Regelung. 2020.

[32] C. Wen, A. R. Shirvan und A. Nouri. „12 – Structural polymer biomaterials“. In: *Structural Biomaterials*. Woodhead Publishing, 2021, S. 395–439.

[33] *WORHP Kata of May 2023*. https://worhp.de/blog/2023-05-worhp-kata-of-may-2023/. Aufgerufen am 10.03.2024.

[34] Xin-She Yang. „Chapter 14 – Multi-Objective Optimization“. In: *Nature-Inspired Optimization Algorithms*. Hrsg. von Xin-She Yang. Oxford: Elsevier, 2014, S. 197–211.

Zeitfracht Medien GmbH
Ferdinand-Jühlke-Straße 7
99095 Erfurt, Deutschland
produktsicherheit@kolibri360.de